U0170590

服用纺织品图案设计研究

王弘苏◎著

中国戏剧出版社

图书在版编目（CIP）数据

服用纺织品图案设计研究 / 王弘苏著 . -- 北京：
中国戏剧出版社 , 2022.9
ISBN 978-7-104-05264-7

Ⅰ . ①服… Ⅱ . ①王… Ⅲ . ①服用织物—图案设计—
研究 Ⅳ . ① TS194.1

中国版本图书馆 CIP 数据核字 (2022) 第 157847 号

服用纺织品图案设计研究

责任编辑：肖　楠
项目统筹：康祎宁
责任印制：冯志强

出版发行：中国戏剧出版社
出 版 人：樊国宾
社　　址：北京市西城区天宁寺前街 2 号国家音乐产业基地 L 座
邮　　编：100055
网　　址：www. theatrebook. cn
电　　话：010-63385980（总编室）　　010-63381560（发行部）
传　　真：010-63381560

读者服务：010-63381560
邮购地址：北京市西城区天宁寺前街 2 号国家音乐产业基地 L 座

印　　刷：天津和萱印刷有限公司
开　　本：787mm×1092mm　1 / 16
印　　张：14.75
字　　数：264 千字
版　　次：2023 年 3 月　北京第 1 版第 1 次印刷
书　　号：ISBN 978-7-104-05264-7
定　　价：72.00 元

前　言

纺织品是我们日常生活中不可缺少的，涉及人们衣、住、行的方方面面，主要包括服装、服饰配件、家用纺织品、汽车用纺织品等。

纺织品图案是我们生活中不可缺少的、最普及的实用美术。通过印染、织造工艺及手工染绘、编织、刺绣等方法呈现于纺织品上的图案，通称为纺织品图案。

纺织品图案反映了一个社会的精神面貌，折射出一方地域的民族文化，更传递着一种生活的时尚信息。自古以来，纺织品与人类有着悠久的亲密关系。我们的祖先在数千年的纺织生产进程中，创造了无数具有不同时代风貌的纺织品图案。这些图案既代代相传又不断创新，最终融汇成具有中华民族特色的纺织品图案风格。

优秀的服用纺织品图案设计，可以美化我们的衣着，使服用纺织品在满足人们实用需求的同时，也能给消费者提供美的享受，从而提高消费者的生活品质。

本书的第一章为服用纺织品图案概述，内容包括图案与服用纺织品概述、服用纺织品图案的起源与含义、服用纺织品图案的特征与类别；第二章讲述的是中西方服用纺织品图案的历史演变，本章的三节分别为中国服用纺织品图案的历史演变、外国服用纺织品图案的历史演变、现代经典服用纺织品图案元素流派；本书的第三章为服用纺织品图案的设计，从设计的含义、服用纺织品图案设计的构成、服用纺织品图案设计的造型、服用纺织品图案设计的表现四方面来阐释；第四章从"美"与"美学"、服用纺织品图案设计审美意识、服用纺织品图案设计的美感因素、服用纺织品图案设计的形式美法则这些角度来介绍服用纺织品图案设计的时尚美学；第五章讲述的是服用纺织品图案设计的色彩，介绍了服用纺织品图案色彩的基本性质、服用纺织品图案色彩设计的基本原理和方法、影响服用纺织品图案色彩设计的因素、流行色与服用纺织品图案设计；第六章为服用纺织品图案设计的创新，包括服用纺织品图案设计的创新应用、服用纺织品图案设计的创新路径两方面的路径。

目　录

第一章　服用纺织品图案概述

本章分为三个部分，主要介绍了图案与服用纺织品概述、服用纺织品图案的起源和含义、服用纺织品图案的特征与类别。

第一节　图案与服用纺织品概述

一、图案

（一）图案的概念

从字面上来讲，"图"是图样、图画，"案"是方案、依据。图案是指图画形式的方案。

关于图案的概念，雷圭元在《图案基础》中这样解释：图案是实用美术、装饰美术、建筑美术方面，关于形式、色彩、结构的预先设计。在工艺材料、用途、经济、生产等条件制约下，制成图样、装饰纹样等方案的通称。

《辞海》中的"图案"定义为："广义指对某种器物的造型结构、色彩、纹饰进行工艺处理而事先设计的施工方案，制成图样，通称图案。有的器物（如某些木器家具等）除了造型结构，还有装饰纹样，亦属图案范畴（或称立体图案）。狭义则指器物上的装饰纹样和色彩而言。"

综合以上的内容，图案的定义可以包括以下几方面的内容：
①图案的目的是造物。
②图案以实用与美为原则。

③图案设计要结合一定的工艺。

④图案是图的设计方案，是造物的初始阶段。

广义的图案包括造型、色彩与纹饰，狭义的图案指装饰纹样及其色彩。图案的设计虽是以图的形式表现，是美的创造，但与绘画也是有区别的：绘画是以表现为核心的，而设计是以造物为核心的。

作为艺术名词，图案与英文中的"design"通释，"design"一般译作"设计"。其实"design"是个多义词，可作为名词，也可以作为动词，在中文中与之对应的词也很多。从图案的角度来讲，"design"包含了图案的设计过程与结果。另一个与图案相关的词是"pattern"，通常是指装饰纹样。

图案从属于工艺美术，张道一称之为"工艺美术的灵魂和主脑"。图案被广泛地运用于装饰设计领域：建筑装饰、纺织品面料装饰、陶瓷装饰、家具装饰、服饰装饰等。

（二）图案的起源与图案学的产生

1.图案起源于人类的造物活动

图案作为一种文化同样起源于早期人类的造物活动。我国原始时代的彩陶艺术可以说是中国较早的图案艺术。我们从中可以发现，人类在原始时代对于装饰和形式美的认识与运用已达到一个相当的高度。

随着人类科学技术的发展以及人类审美趣味的提高，后来出现了各种不同形式的图案。不同的工艺类别、不同的时代以及不同的地域，其图案的内容与形式也各不相同。

2.工业革命与图案学的出现

手工生产向机械工业化生产的转化是图案学产生的条件。手工生产一般由一个人或几个人经过一定的工序来完成，以单件或小批量为主，生产过程也有一定的随意性，通常按照粉本或旧样加工，工艺要求与技艺以口授的方式传授。机器生产以大批量为主，有严格的工艺流程，工序分工细致，每道工序都要严格按图加工，有严格的规范。从手工生产到机器生产方式的转变，要求设计意图图纸化、规范化，这就出现了设计与制造的分工。手工时代的生产凭的是经验，没有上升为系统的科学理论，直到机器生产逐渐取代了手工生产，才有了工业与艺术结合的学科，才有了后来的图案学。

（三）图案的分类

由于图案的用途、空间、制作工艺以及地域文化的不同，世界各地的图案形态纷呈，风格各异。从不同的角度，图案可以分成以下不同的类型：

①从理论与实践的关系看，可分为基础图案和工艺图案（专业）。

②从用途上分，可分为实用图案和观赏图案。

③从呈现状态看，分为平面图案和立体图案两种。平面图案是指在平面物上所进行的装饰，如各类纺织品、装饰画、壁纸、地毯等。立体图案是指为具有三维空间的器物所做的造型、构成、色彩设计，包含各种日用品、工业品的造型设计，如陶瓷、塑料器皿、儿童玩具、灯具、服装衣帽、家用电器、汽车、橱窗及家具等。本章要阐述的是狭义的平面图案。

④从表现形式上，分为具象图案和抽象图案。

⑤从图案的组织形式上，可分为单独纹样、适合纹样、角隅纹样、边缘纹样、二方连续纹样、四方连续纹样等。组织是指图案的各个纹样元素间的排列布局，也称图案排列。纹样元素的不同排列布局会形成不同的图案形式。

（四）图案在服装上的装饰部位

图案在服装上的装饰部位决定了服装视觉中心的位置。不同的人体部位曲线各有不同，服装附着其上会产生不同的曲面，恰当的图案运用到合适的部位，便会产生强烈的视觉节奏感，使服装充满趣味与视觉冲击力。服用纺织品中的图案如何恰如其分地应用到不同的人体部位，如何才能达到画龙点睛的效果，便是我们下面所要讨论的问题。

1.整体

装饰部位的图案设计，看起来是局部的设计，但要从整体入手。服用纺织品图案设计与服装的款式整体布局、造型、色彩等方面要有主次之分，要相互呼应。图案设计的部位一般会成为视觉的中心，所以主花型要放在主要的位置，然后是次花型，再是点缀的花型（图 1-1-1）。

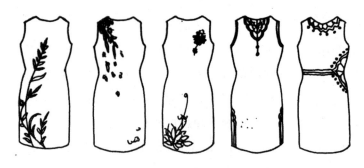

图 1-1-1　整体布局

2.局部

（1）胸背部

从服装结构来讲，胸背部的面积较大，是服用纺织品图案布局的重要部位，如 T 恤衫、夹克衫等上装，设计重点主要在前胸或是后背（图 1-2-2）。前胸是上衣图案装饰的重点，其图案纹样的造型对上衣其他部分的纹样造型起着主导作用（图 1-1-3）。如果前衣片没有图案，后衣片的图案可以独立存在，也可以作为这件上衣其他部分纹样的主导（图 1-1-4）。

图 1-1-2　前胸的装饰图案布局

图 1-1-3　前胸的装饰图案

图 1-1-4　胸背的装饰图案

（2）衣领

衣领是装饰颈部的主要部位，服饰图案依附衣领的形态而存在。由于衣领接近人的头部，可以很好地衬托人的面部，所以成为最容易聚焦的视觉中心点。领部的造型变化丰富，有高领、矮领、圆领、方领、立领、翻领，不同的领型对于图案的要求不尽相同（图 1-1-5）。

图 1-1-5　衣领的装饰图案布局

（3）肩部

肩部的装饰图案设计与衣袖的设计紧密联系在一起。袖子大体可以分为插肩袖、装袖和无袖。随之肩部的造型便由此而生，肩部纹样的设计可以是对称的，也可以是不对称的（图1-1-6、1-1-7）。

图 1-1-6　肩部的装饰图案布局

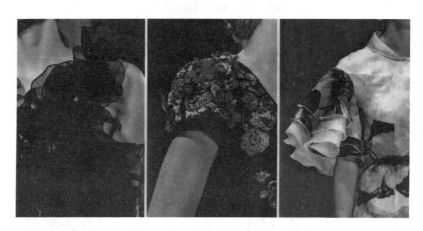

图 1-1-7　肩部的图案装饰

（4）腰、臀部

腰部的图案设计一般用于女装，尤其是裙装、礼服等需要突出腰部的款型上。腰部图案的设计，要能衬托腰部的妖娆，突出人体曲线的优美（图1-1-8）。臀部的图案设计一般会突出人体的胯部，比如肚皮舞服饰的设计（图1-1-9）。

图 1-1-8　腰部的装饰图案布局

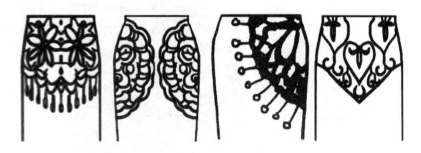

图 1-1-9　臀部的装饰图案布局

（5）袖口

袖子是指衣服套在胳膊上的筒状部分。袖口是袖管下口的边缘部位，袖子露出手臂的一端（短袖袖口露出胳膊，无袖袖口露出胳膊根儿）。袖口是服饰的一个重要展示部件，袖子装饰要根据不同服饰造型的特点设计图案，可以运用二方连续、适合纹样、单独图案等进行装饰，也可以运用细褶、绣花、纽扣、花边、串珠、结带等手法进行装饰（图 1-1-10）。

图 1-1-10　袖口的图案装饰

（6）衣摆

衣摆主要是指服装的边缘，如下摆、门襟等。衣摆的图案设计往往要区别于服装的整体色彩，起到强调的作用，突出表现服装的廓形感。服装的装饰部位并不是一成不变的，主要是要处理好图案纹样的方向、面积与服装的关系。即使改变了常用的装饰部位，也可以获得理想的装饰效果（图 1-1-11）。

图 1-1-11　前襟的图案装饰

（7）腿部

腿部的图案装饰主要表现为对裤形的装饰。裤子上的图案纹样、组织形式以及装饰部位都应结合上衣，并以上衣为主才能达到整体和谐的装饰效果。如果对裤子单独进行设计，则图案的装饰一般设在裤子的脚口、膝盖、侧缝等部位（图1-1-12）。

图 1-1-12　腿部的图案装饰

（五）图案在服装上的应用特点

1.职业装图案

职业装又称工作服，是为了工作需要而特制的服饰。职业装图案应用特点主要表现在造型和色彩表现上多采用舒缓的弱对比，或小面积的点缀与装饰，淡化局部的变化以达到整体的和谐，还可以加强组织的整体系列形象感（图1-1-13）。

图 1-1-13　职业装图案

2.礼服图案

礼服可分为传统礼服和现代礼服。在装饰格局上，大多数的礼服图案都是呈对称或平衡的样式分布，采用立体的三维图案形式来进行装饰。现代礼服，随意，个性，经济实用，装饰手段上注重个性和细节。在特定场合穿的礼服以裙装为基本款式，强调体现女性婀娜多姿的曲线美。一般多在边缘或局部进行装饰，避免出现繁复的图案造型，尽量使人体结构、服饰款式、图案造型三方面协调呼应，避免过多的装饰削弱服饰本身所流露的优美韵味。礼服领口、前襟及开衩位置恰到好处的装饰，是图案与服饰结构款式相契合的极好范例。立体剪裁的中式旗袍式长裙图案装饰与服饰相呼应，典雅脱俗，充分体现了含蓄美，将人体曲线美发挥到极致，款式与图案紧密贴合，民族与时尚结合相得益彰、相映生辉。晚礼服的图案应以抽象图案或简单图案为主，在形式上既要有夸张的美感，又要有含蓄的内涵，可以是立体的，也可以是平面的（图1-1-14）。

图1-1-14　礼服图案

3.休闲装图案

休闲装是在闲暇状态下所穿的服饰。图案设计内容广泛，色彩丰富，装饰手段自由灵活，无论是满地印花图案装饰，还是简洁明确的单独图案装饰，都呈现出轻松愉快、舒展自由的风格特征。图案设计内容表现丰富，在自由轻松的表面下追求视觉美感与造型上的完美（图1-1-15）。

图1-1-15　休闲装图案

4.家居装图案

家居装以在居家室内穿着的服饰构成，主要包括睡衣、浴衣等，多以宽松舒适的款式和棉、丝等天然材料为主，色彩以温暖亮色为主，图案以随意简洁风格的条格、花草、水果、动物为主要题材，家居服图案整体设计突出柔和温馨的视觉效果，以营造家庭充满温情、宁静舒适的气氛（图 1-1-16）。

图 1-1-16　家居装图案

5.运动装图案

运动装是专用于体育运动竞赛的服装，通常按运动项目的特定要求设计制作。广义上还包括从事户外体育活动穿用的服饰。现在多泛指用于日常生活穿着的运动休闲服装。职业运动装带有表演性质，图案上要求醒目与对比。普通运动装则侧重舒适和方便，图案的样式多样灵活（图 1-1-17）。在当下的休闲服饰中运动时尚已占有一席之地。

图 1-1-17　运动装图案

二、服用纺织品概述

（一）概述

服用纺织品是构成服装最重要的材料，服装的色彩、图案、质地手感、性能都是通过服用纺织品体现出来的。

服用纺织品种类繁多，分类方法多样。

按加工方式分类，可分为机织物、针织物、非织造织物、复合织物等。其形成的方法不同，外观与服用性能也不同。

按构成材料的原料分类，可分为纯纺织物、混纺织物和交织织物。纯纺织物是指由一种纤维原料进行纺纱所织成的织物，如纯棉府绸。混纺织物是指由两种或两种以上不同类别的纤维混合纺纱所织成的织物，如涤、棉细布，毛、涤花呢等。交织织物是指由不同种纤维的纱线分别作经和纬所织成的织物，如棉经毛纬织物等。

按外观形状分类，可分为纤维（絮状）类、纱线类和织物类等。

按构成织物的纱绢分类可分为纱织物、线织物、半线织物、长丝织物、花式纱线织物、精纺织物和粗纺织物等。

按服装构成分类，可分为面料、里料、衬料、填充料、扣紧材料、花边、带类、缝纫线和装饰线等。面料为构成服装的主体。

服用纺织品包括服装面料、领衬、里衬、松紧带、缝纫线等，必须具备实用、舒适、卫生、美观等基本功能。根据气候环境的特殊情况，有时要求纺织品具有特殊功能，以保护人们的安全和健康。

（二）服饰的应用

1.人体与服装

服装在服饰中十分重要，它是完成整体服饰装扮的主要部分，也是人们服饰消费的重点耗资部分。这里我们研究的是服装与人结合后所构成的整体，从中可看到面料的图案美，更能体会到它与人结合后所构成的完美的图案造型。它是立体的，是流动的，是一种跟随人变幻的美妙图案，这是服装设计师不应忽略的重要部分（图 1-1-18）。

图 1-1-18　人体与服装

2.鞋

鞋在服饰整体搭配中，起着不可忽视的重要作用。鞋虽然在人体的最下方，占整体服饰面积比例很小，可它是人体重心支点的聚焦，是人体动态韵律的起点。鞋的造型能影响人的步态。鞋的鞋形图案分割、装饰及色彩搭配，能体现人的审美标准及生活品位。鞋的设计一方面是鞋型的时代性，另一方面是人的机能与鞋的功能。作为鞋型设计师，两者都不可忽视。鞋的美观可引起消费者的购买欲，但最后主要决定消费者是否购买的是鞋的舒适性及其实用性。

①根据人的性格进行设计，柔美、开朗在鞋型设计时，配合服装的风格，可取服装的某一种形式：是抽取一种风格或是选用一种造型，而后进行局部的选取设计（图 1-1-19）。

图 1-1-19　长筒靴设计

②在鞋型的设计中，设计方案可取用于印花面料上纹样花型的局部。图案的设计也可用不同的材质组合构成。下图所示，鞋用网眼材质与羊皮皮革材质构成夏季凉靴款，透气性好，虚实雅致的秀丽款式可搭配七分裤装或短裙（图1-1-20）。

图 1-1-20　夏季凉靴设计

③一种灵感来源于大自然的花草、景物的创造性设计。取其形或神，用于鞋的设计（图 1-1-21）。

图 1-1-21　采用自然元素设计的鞋子

3.帽

帽子有御寒、遮阳、装饰等作用。帽子可根据衣服的风格设计，选用制作的材料多种多样，图案花形的选用及点缀也是帽子设计不可少的一部分（图1-1-22）。

图 1-1-22　**帽子**

4.包

　　包有手提包、背包、挎包等，是现代人不可缺少的一种服饰用品。包的利用率极高。除了内在的实用性以外，包外在的美观效果更能影响购买者的选择（图1-1-23）。

图 1-1-23　**包**

服用纺织品图案设计研究

5.头饰

头饰有民族文化意义，不同国家、不同民族的头饰，其形状及颜色是不同的。联系到原始的宗教信仰，头饰往往有着祖先和自然崇拜的象征意义。历来头饰都是地位和荣耀的象征。在世界上有的地方，头饰还是人们心灵展示和爱情表白的道具（图 1-1-24）。

图 1-1-24　民族头饰

日常生活中的头饰，很多是用来固定发型的卡针，有塑造发型的作用。头饰在塑造发型的同时，起到了更大的装饰作用。小小的点缀使女孩更加可爱，使女人更生妩媚（图 1-1-25）。

图 1-1-25　日常头饰

6.围巾

围巾可用作颈饰、头饰、披肩、腰饰等（图1-1-26）。围巾可为普通衣着增添韵律风情，巧妙平衡季节感。灵活多变的围巾深受性情中人的喜爱。

图 1-1-26　围巾

7.腰带

腰带原本是起着收紧腰部作用的系扎绳索，腰带有军装上的武装带、拳台上的金腰带、西裤上的皮带、连衣裙上的装饰带、风衣上的束带等。腰带的材质有皮革、纺织品、纤维绳索、金属等。腰带的宽度，宽的有 10 至 20 厘米，窄至 0.5 厘米。腰带的风格，有原始的，有现代的，有时尚的，可分为实用型与装饰型两大类。（图1-1-27、图1-1-28）

图 1-1-27　腰带

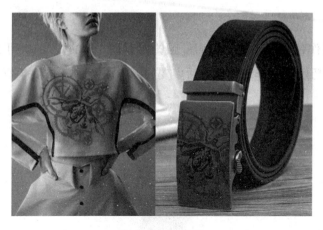

图 1-1-28　腰带

8.其他

服饰中的其他配件还有首饰、手套、领带、钱包、雨伞等。

服饰中的任何一个配饰，都不是孤立的，都是整体的一部分。在服饰设计中应全面地考虑人与人、人与物、人本体内涵与服饰的统一，就像我们人的躯体是可视的与不可视的目光、语言、声音等所构成的完美整体一样。

第二节　服用纺织品图案的起源与含义

一、服用纺织品图案的起源

服用纺织品图案的取材广泛，其起源可追溯到人类早期原始时代。原始人为了御寒、护体、遮盖，用树叶、树皮、兽皮围身。同时，为了表现自己或美化身体，吸引异性或为了原始图腾崇拜以及祭祀、巫术等需要，原始人用有色矿土和兽血文身，或采用划破身体作为刺青装饰，还用兽骨、牙齿、贝壳、石子等材料串成饰链佩戴在身体上，作为装饰或用于宗教仪式。这些都可以看成是服装图案的雏形。随着对动植物纤维认识的加深，在掌握了一定的纺织技术后，原始先民开始在织物上染绘原来装饰于身体上的纹饰。从此，图案作为一种装饰形式，被广泛应用于服饰中。

原始服用纺织品图案在现代社会中很难找到具体实物，但在新石器时代文化的重要代表——陶器的装饰图案中（图1-2-1），我们可以感受到原始服饰图案对后世服饰图案造型、构成形式的影响。在新石器时期，人类最著名的图案艺术成就主要体现在陶器的装饰图案上，其造型和装饰的大胆夸张，中外并无区别。这是人类图案艺术的起点，同样也是服饰图案的源头。从出土的陶器纹饰上我们可以看出，新石器时期先民们已经掌握了一定形式美的规律和艺术技巧，彩陶中的几何图案中，二方连续应用得最为频繁和灵活，创造出了"S"形，正反相绕，格外美观。对比与统一、对称与均衡、节奏与韵律等形式美法则，点、线、面等造型元素以及夸张、强调、象征等表现手法在彩陶图案中均有充分显现。这些图案以艺术的手法表现了大自然、形体、运动产生的节奏感、韵律感和规律性，灵活而又美观。图案的构成，或自由灵动，或充满格律，都与彩陶造型融为一体。

图1-2-1　原始陶器

历史上的服饰图案极其丰富多样，但是，无论是具象的还是抽象的，无论是写实的还是夸张的，都可以看到对称、均衡、匀称等图案构成的基本原理，都反映当时历史条件下人们的生活与生产，都表现了人们特定的情感和时尚观念。

二、服用纺织品图案的含义

服用纺织品图案是指有针对性地被服装及配饰所应用的、具有一定图案结构形式，并经过夸张、变形等艺术手段而呈现在服饰中的装饰图形和纹样。它具有美化、装点、表意、点缀、烘托等作用。图案依附于服用纺织品，为服饰服务，根据服饰的设计要求安排图案，并选择与其合适的装饰手段。这种装饰手段可以是印染或刺绣的平面图案，也可以是堆褶、坠饰的立体图案。图案的装饰性特点借由服装这个载体充分地表现出来，使服装的实用性与装饰美感合二为一。

服用纺织品图案的取材广泛，表现形式多样，材料独特，质感丰富，风格各异，能够灵活地与服装的面料、辅料、配件等完美结合。

服用纺织品图案主要是一种装饰设计或装饰纹样。它所涉及的范围很广，包括各种服装的匹料、件料的图案设计（图1-2-2），各种天然和人造皮毛、皮革以及棉、麻、丝、毛等织物面料的拼接设计（图1-2-3），各种编织服装的装饰（图1-2-4），各种抽纱、镂花服装的装饰等（图1-2-5）。

图 1-2-2　服装件料图案

图 1-2-3　服装拼接图案

图 1-2-4　编织图案

图 1-2-5　镂花图案

第三节　服用纺织品图案的特征与类别

一、服用纺织品图案的特征

服用纺织品图案属于装饰图案的一种。装饰图案作为一种造型艺术，涵盖的内容丰富，材料广泛而普遍。装饰图案常常出现在我们的生活中，如现代工业、建筑艺术、实用物品的装饰纹样。这些非服饰用图案的材料一般较为单一，手法也不够丰富。服用纺织品图案可以是平面的，如印花；也可以实现立体效果，如通过雕、编、勒、锁、绣等手法实现的刺绣图案，通过组织变化形成的提花图案，通过工艺实现的烂花图案，借助珠、管、片、纽扣等其他辅助材质形成的立体图案等。

服饰图案是一种美的形式，在运用中要做到艺术性与实用性的统一。

（1）艺术性

所谓艺术性，是指服饰纺织品图案的装饰属性。人们常常追求服饰的漂亮，这就是服用纺织品图案艺术性即审美性的体现（图 1-3-1、图 1-3-2）。艺术性主要体现在以下三方面：

图 1-3-1　烂花图案设计

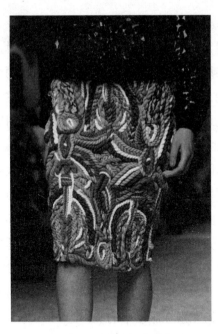

图 1-3-2　针钩织纹图案

①装饰。装饰自己是人的天性。在着装行为还没有成为习惯之前的原始社会时期，人们就采用画身、文身、垂挂羽毛、贝壳、兽骨项链等方法装饰自己的身体。随着社会的进步，着装逐渐成为人类社会的一种道德和行为习惯。画身、文身等装饰身体的方法逐渐转化为对服装的装饰。人们在劳动中以及对大自然的认识中，逐渐发现了美，并将自己的智慧和美好理想投射到社会生活中，创造出风格各异的服饰图案和多姿多彩的服饰图案装饰手段，使服装的层次、色彩更加丰富。

②强调。强调创造的是局部对比之美。服饰图案通过色彩的对比、大小的对比、位置的对比，可以起到突出服装局部视觉效果或者突出设计点的作用，也可以起到突出身体某一局部的作用，如突出颈、胸、腰、手腕等部位。

③弥补。生活中具有完美身材的人还是少数，人总会有这样那样的缺陷，如胖体、瘦体、溜肩、斜肩、凸腹、凸臀、驼背、挺胸、鸡胸等非标准体特征。服饰图案设计可根据人视觉上的错视特点，利用图案色彩对比、造型的变化、位置的安排等方法，去强调或削弱服装造型和结构上的某些特点，以起到视觉矫正的作用，使人体达到平衡和完美感。

（2）实用性

服饰面料图案的实用性，即图案必须依附于某种具体的服饰形体或某些部位，来实现艺术和实用效果。主要体现在以下两方面：

①功能性。服饰图案不同于一般的艺术创造，它的设计必须是在实用性基础上展开的。创造性和实用性是服饰图案设计不可分割的两个方面。换句话说，服饰图案既具有实用功能，又具有审美价值。功能性体现在充分考虑图案将要表现的主题，使之最大可能地实现其象征、标志等功能，使图案和服装融为一体，无论在风格上还是在理念上达到最大的统一。

②统一性。统一，既指图案与服装在风格、色彩、款式等方面的统一，又指多种内涵和表现形式在服饰图案中的和谐统一。如：服饰图案与服饰文化内涵的统一；其地域特征（历史、地理、环境、时间、空间不同而产生的不同风格特征）、人文特征的统一（风土人情、传统习俗、生活方式、文学艺术、行为规范、思维方式、价值观念等同样对图案影响巨大）；服饰图案与服饰的社会内涵的统一；其装饰性、象征性的统一。服饰图案表现形式的多样性的统一，如传统的和现代的，抑或民族的和现代的元素在服饰中的统一。

（3）标识性。标识性是服装图案社会功能的一种体现，是信息的载体，如对等级、职业标识。等级，即古时不仅龙凤是帝王、皇后的服饰图案，群臣百官中也有特定的服饰图案来区分上下等级。在西洋服装历史中的古罗马、中世纪时期也用服饰图案及装饰来区别贵贱。职业，如军人、警察、医生、运动员、服务员等都会用各自统一的图案标识出自己的职业身份。还有品牌标识，随着人们服饰品牌意识的发展，一些名牌服饰的标志性图案也成为一种特定的标识。在现代服饰图案中，这类图案要体现服装的标识性，所以不能像其他服装设计那样随心所欲做夸张变形，往往具有醒目、简洁、易记的特点。

二、服用纺织品图案的特性表现

服用纺织品图案的艺术性、实用性与标识性之间相对独立的同时，又相互交叉、相互渗透、相互依托，完美结合，实现合理的设计。因此，在探讨服饰面料图案特性的问题时，主要可以考虑以下几个方面：

（一）材料性

材料是制成服用纺织品不可缺少的物质条件。材料性就是指其所具有的纤维性，是图案所适用材料而呈现的一种特性。服用纺织品图案离不开材料性，包括配件、附件。材料可分为纺织纤维和非纺织纤维。纺织纤维包括毛、麻、丝、棉和人造化学纤维等，非纺织纤维包括天然皮毛、皮革和人造革等。由于图案大多都是附着在面料上的，所以这两类材料所具有的性状就成为图案的重要质感特征。服用纺织品图案设计所采用的手段，无论是织、钩、挑、编、绣，还是印、染、绘、补、贴等，都会自然而然地将纤维所特有的线条、经纬、凹凸、疏透、参差、渗延、柔软等材料特性转移、转化为相应的质感和视觉效果，并呈出另一种温厚、柔细、亲和的美感，即可触性和可亲性（图1-3-3）。

图 1-3-3　面料图案

（二）工艺性

服用纺织品图案的产生与工艺制作有一定关系，并受生产工艺的制约。这是由于材料的纤维性必须依赖于物质生产条件，并以人体为中心量体裁衣的。由于制作工艺的不同，以及材料特征的不同、质地不同，会产生不同的视觉效果，并有很大的视觉差异。服用纺织品图案设计不仅要充分展示原材料的特殊性，还要充分利用原材料，发挥原材料的优势与特性。同时由于工艺的制约，在有限中还可起到丰富和发展的作用，会产生意想不到的特殊效果。这是由工艺的特点形成的，如蜡染的工艺处理、冰纹的出现。这是在工艺制作中产生的自然肌理纹。这种偶然可以变成必然的规律，为图案的设计丰富视觉元素（图1-3-4、图1-3-5）。

图 1-3-4　贵州蜡染

图 1-3-5　皮质服装

（三）动态性

动态性是图案的重要美学特征之一。图案是随着服装展示状态的变化而变化的。随着着装者的运动，依附于服装的图案相应地呈现运动状态，并体现出动感的美学特征。这种动态的美，充分体现了服饰真实的审美效果，在不同的时间和空间，呈现出生动的形态和动感的情趣（图 1-3-6）。

图 1-3-6　服饰的动态性

（四）再创性

再创性指的是服饰图案在面料图案的基础上进行创造转换的美学特征。再创性是针对面料已有的图案进行再创造得出新的图案装饰形式，使原本单一的面料图案经过再创造呈现出丰富多彩的视觉效果，使面料更具特色和个性化，结合其他辅料进行再设计、再创造，是对面料图案的一种有效的假借、利用。巧妙地再创造服用纺织品图案往往起到事半功倍的装饰效果（图 1-3-7、图 1-3-8）。

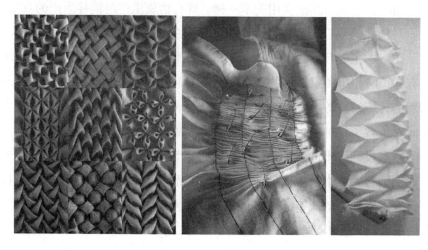

图 1-3-7　面料再创造

图 1-3-8　面料再创造设计

（五）双重性

　　服用纺织品图案与其他实用美术一样，具有物质生产与精神生产的双重特性，具有物质与精神的双重价值。服用纺织品图案的设计是服装设计的内容之一，服用纺织品图案的主要目的是美化服装，满足人们的审美需求。另外，服用纺织品图案也有标识的作用和象征性的寓意，比如中国古代服饰上等级标识的补子纹样、吉祥寓意的传统纹样等。这些图案的寓意与作用区别于服装的实用性，使实用的服装又同时承载了精神的内涵，所以服用纺织品图案的设计也是艺术活动。但服用纺织品图案设计又不同于纯艺术的创作。设计师的设计还要考虑到经济核算的问题，如面辅料的成本、生产的成本、产品的价格、展示促销的费用等，在一般情况下，力求以最小的成本获得最适用、最美观、最优质的设计，所以服用纺织品图案的设计既是艺术活动，又是经济活动，尤其是流行服饰（图 1-3-9）的设计。

图 1-3-9　流行服饰

（六）制约性

服用纺织品图案与绘画不同，绘画作品的创作，从完成之时起，其作品本身的作用就已表现出来了。而服用纺织品图案设计的完成，只是服用纺织品图案发挥作用的第一步，只是一个纸上谈兵的阶段。服用纺织品图案真正发挥作用，要经过很多环节。设计的图案呈现在服装或服饰品上，通过人的穿戴，才能最终发挥其作用。所以服用纺织品图案的设计受制于被装饰的服装或饰品的功能，还要考虑到工艺实现的可能性，要最大限度地利用和发挥工艺、材料的优势和特点。另外，从商品的角度看，服用纺织品图案的设计还要考虑到工艺生产的成本，材料和工艺的选择要在最大限度降低成本的基础上，达到最完美的效果，所以服用纺织品图案的设计是受服饰功能与工艺制约的。

（七）审美性

人们穿着服装很大程度上是因为服装具备的实用功能，除去实用功能之外，服装的审美功能是显而易见的，而服用纺织品图案是服饰审美功能实现的重要方式。这种审美性是服用纺织品图案的精神价值体现，也是其艺术性的体现。服用纺织品图案是依附于服装的，不能独立存在，所以与绘画等独立艺术相比较，服用纺织品图案不是单纯的表现或写实。它蕴含着符合人们生理与心理需求的形式美，是创造的艺术、浪漫的艺术，也是富丽的艺术。服用纺织品图案的审美属性除了艺术美，还表现出自然美与社会美，折射出人类对自然美的认识，反映了人类社会的发展，是形式美的表现，也是时尚美的表现，所以服用纺织品图案的设计也是服装附加值的重要体现（图 1-3-10）。

图 1-3-10　审美性

三、服用纺织品图案的装饰类别

（一）统一型图案装饰

图案运用之后得到单纯一致的传统静态美感（图 1-3-11）。

图 1-3-11　统一型图案运用到服饰上

（二）对比型图案装饰

所有服装、饰品上的图案存在两种风格，运用之后会得到对比鲜明的现代动态美感（图 1-3-12）。

图 1-3-12　对比型图案运用到服饰上

（三）混合型图案装饰

所有服装、饰品上的图案风格都不一样，运用之后会得到奇异丰富的后现代美感（图 1-3-13）。

图 1-3-13　混合型图案运用到服饰上

（四）特质型图案装饰

所有服装、饰品上的图案风格来源于设计者独特的个性和目的，运用之后会得到个性化突出的特殊美感（图 1-3-14）。

图 1-3-14　个性化服饰

第二章　中西方服用纺织品图案的历史演变

本章主要介绍服用纺织品图案国内外的演变，分别为中国服用纺织品图案的历史演变、外国服用纺织品图案的历史演变和现代经典服用纺织品图案元素流派。其中，按时间顺序介绍中国服用纺织品图案的发展，按照外国特色介绍外国服用纺织品图案的发展。

第一节　中国服用纺织品图案的历史演变

一、总述

人类的艺术长河源远流长，图案艺术作为其中的一个分支，纵横古今，居于十分重要的地位。而服用纺织品图案，恰似这条分支河流上生生不息的浪花，以其美轮美奂的存在形态，装点美化了人们的生活。服饰图案的诞生，一如图案艺术乃至其艺术形式的诞生，是人类自身防卫的需要，审美的需要，生活的需要。

早在远古时期，图案艺术便与人类相伴。不论东方还是西方，图案及其色彩都是人类所祈求解释超自然现象而产生的视觉艺术形式。古人面对不可预期的天灾人祸，面对生命中种种变幻无常，既无从解释，更无从驾驭，基于敬畏和祈福的心理，便借助各种图形和色彩寄托自己的信仰。例如，将结满种子的果实做成装饰性图形，便表达了对丰收、多产、幸福的祈愿；带有巫术特性的图案成为氏族部落的图腾，同样体现了人类敬畏、祈福、寻求庇护的愿望。随着人类物质文明、精神文明的不断进步，人们对自然界及生命中的诸多现象逐步有了新的认知，不再感到神秘。图案便普遍性地体现出审美以及生活的需要，成为诠释现代社会文化内涵的重要艺术形式。

服饰图案作为人类重要的文化表现形式之一，犹如一面三棱镜，折射出不同时空条件下不同民族的生存状态和思想意识。

不同民族、不同国家的服饰图案各具特色，同一民族或同一国家的服饰图案在不同时期亦有区别。千姿百态的服饰图案，体现了自然环境、社会环境对人类着装观念的制约与影响，体现了人类自身不断寻求新意与变化的审美心理需求。服饰图案的演变史，亦是一个民族或国家的物质文明与精神文明的发展史。

中华民族的服饰艺术源远流长，在世界民族之林中独树一帜，并以其历史的悠久性、传承的延续性、内容的完备性以及相对稳定的自律性，形成了自己独特的风格。中国古典服装的结构、裁剪与工艺制作都在平面上进行。平面结构的服装穿在人身上，拥有许多柔软空灵的虚空间；宽袍大袖亦形成自然的线形衣纹褶皱，犹如行云流水，营造出自然舒适、飘逸灵动的感觉；附着于衣物之上的服饰图案，也具有动态的变化美感。

古人的服饰图案，注重天的本性与人的心性相融，注重伦理观念和精神向往的表达，不为凸显人体魅力（图2-1-1）。

图2-1-1　古代服用纺织品图案

纵观中华民族各朝历史，一朝文化一朝服饰，演示着不同的天人合一风范。中国的服饰图案多以拼、镶、嵌、贴、盘、绣等工艺形式完成，图案纹样包括几何纹、动物纹、植物纹、风景纹、人物纹、器物纹等，题材广泛。中国的服饰图案多在丝绸质地的服装上完成，色彩富丽堂皇，浑朴大方，既体现局部对比，又注重整体调和。就图案布局而言，多作居中或对称式布置，点缀在显著、醒目的地方，视觉效果集中。就表现手法来看，则经历了抽象、规范和写实等几个阶段。概括而言之，商周之前的服饰图案简练、抽象；商朝之后的服饰图案日趋完整、布局严密；秦汉以后的袍服刺绣精美，袖、领、襟、裙处饰有花边；至明清时期，服饰图案细腻逼真，注重写生。近现代的中国服饰图案既沿袭了古代文明的精华，又融合了东西方其他国家的文化精髓，体现出抽象与具象图案并存、中西方图案皆用的特点。

二、我国服饰图案发展历程

（一）商代服饰图案

迄今为止，商代之前的具有纹饰的纺织品尚未发现。服饰图案的历史，有文字记载的是从商代开始的。图案在服饰的表现上，主要以回形纹（图 2-1-2）、云雷纹（图 2-1-3）等几何纹为主。受织造工艺所限，当时只能织出由直线构成的几何形状的花纹。典型的回形纹是方形层层相套构成，在组织上以角对角重复排列在交叉的十字线中，简单并且很有规则。云雷纹为方角云雷纹，曲折回旋的云雷纹中一般会有三条平行线相隔，富有节奏变化。这些以直线为基本线条的几何纹样基本都是以二方连续的构图形式出现的。图案的装饰主要位置是服装的领口、袖口、前襟、下摆、裤脚等边缘处及腰带。

图 2-1-2　回形纹

图 2-1-3　云雷纹

值得一提的是，那时的人们不但能够织出带有几何图案的服装，而且也能够巧妙地在服饰上进行装饰。至今，这种二方连续的构图形式仍普遍地运用在服饰图案及其他设计领域中。

（二）周代服饰图案

随着社会的变革和生产力的发展，典型的周代服饰图案出现在冕服上。用华美的刺绣工艺展现的图案即十二章花纹（图 2-1-4），这十二种花纹成为统治阶层权力高低的象征。十二章花纹为日、月、星辰、龙、山、华虫、火、宗彝、藻、粉米、黼、黻，即由 12 种素材构成其图案。十二章花纹各有取义，多为象征地久天长、衣食无忧之寓意。图案的风格简洁独立，略为写实，图形也易于辨认。周代冕服的图案形象政治意义大于审美意义，冕服制度也被历代的封建帝王所沿用。

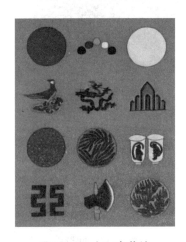

图 2-1-4　十二章花纹

（三）春秋战国时期服饰图案

春秋战国时期，诸侯争霸，列国兼并。在意识形态上，百家争鸣，社会思潮和观念空前活跃。这一切都从侧面刺激了经济文化的快速发展，手工业、纺织业、丝织业，出现了全面繁荣的局面。刺绣图案和织锦图案在这一时期有了很大的发展。织锦的花纹图案多为几何纹与人物、动物相组合，以对称的形式重复构图，图形以线条形式居多，如舞人动物纹锦（图2-1-5）等。刺绣以锁绣为主，针法成熟，线条流畅，独树一帜。

图 2-1-5　舞人动物纹锦

这时期的刺绣图案风格呈现出前所未有的自由奔放、张扬不羁、龙飞凤舞的面貌。刺绣图案多以动物与植物相互盘绕组合，灵活穿插，曲线线条与抽象的动物形象融为一体，攀叠共生，相辅相成。由于刺绣这种工艺不受织机的限制，能够天马行空地诠释出图案的效果，无论从图形上还是色彩上，都可以大胆地发挥，并且手工操作，所以从物质的价值到艺术的价值都非常高。这时期的刺绣图案也最能体现服饰图案的特点，最具有代表性。春秋战国时期纺织品图案的题材有的表现田猎，有的表现舞蹈、还有的表现神兽。这不仅说明那时人们审美情趣的提高，而且也使服饰图案具有了较高的艺术价值及欣赏价值。

（四）秦汉服饰图案

秦汉服饰图案的特点从出土的纺织品文物中可见一斑。服饰图案尤以汉代最为明显，汉代除了继续沿用十二章纹样外，纺织品图案，十分丰富。简单分类，有云纹、动物纹、人物纹、植物纹、几何纹及文字图样。

由于生产力发展到了一定水平，汉代图案的样式更加丰富。汉代纺织品上不仅出现了山、石、鸟、树等图形，还有回眸顾盼、形象逼真的鹿，造型简洁、奔跑夸张的鸡，兔子图形，源于商代饕餮纹的正面兽头，有侧面的全身兽纹，兽与兽之间饰有不同风格的灯笼树。

这个时期的纺织品也出现了代表秦汉时期思想意识的吉祥用语，如"延年益寿大宜子孙""长乐光明""万事""乐""登高明望四海""新神灵广长寿万年"等文字，与作为图案和避难消灾的茱萸，紫气缭绕的云纹，姿态生动的神禽瑞兽，举足前行的老虎，展翅高飞的小鸟等结合在一起，表达了汉代人们祈求长生不老，与神仙分享欢乐的主题思想和祈求死后灵魂升天，进入仙境，并保佑子孙延年益寿的封建思想意识（图2-1-6）。

图2-1-6　汉代长乐光阴纹

《史记·封禅书》等记载东海上有三神，山上有白色鸟兽和仙人一道游息同处，长生不死。通过艺术家想象，这不仅在当时铜、陶制的博山香炉和酒樽等器物上作为装饰，同时还广泛使用到一般石、铜、木的雕刻装饰纹样上，丝绸也多采用这个主题，这成为各种工艺的题材。因此，秦汉时期的图案基本是鸟、兽、神、人奔驰腾跃于山林云气之中，并用各种吉祥文字穿梭其间增加寓意。

在秦汉时期菱格纹样也悄然发生了变化。1972年，长沙马王堆1号汉墓出土的汉凸花锦上就是各种上下交错排列、布满整幅画面的菱形纹样。菱形的小块面实体和双勾线围成的空心纹样相互排列，虚实相间的效果使画面变化生动、妙趣横生，菱形图案的近似性也被发挥到了极致（图2-1-7）。这幅图案在工艺上，经线起花浮于表面，故而显示出的凸花效果更加丰富了菱形图案的表现力。

图 2-1-7　汉凸花锦几何纹

　　点、线、面在东汉蜡染中更是以圈点、锯齿纹和几何网纹等形态被广泛应用（图 2-1-8）。

图 2-1-8　汉代蜡染几何纹

　　西汉时期的织锦已经开始摆脱经纬线走向纵横、欹斜的限制，而采用自由曲线，表现较为写实的纹样增多，格式也发生了变化。东汉织锦纹样又称波状纹、长寿纹。这一纹样与之前封闭对称的几何纹有所不同，它呈横向波浪式连续，连绵不断，表达了续世、铭人之意。表现手法上，运用点、线、面组合，形成了一种上下起伏的运动感（图 2-1-9）。由于生产工艺的进步，图案的表现力也极大增强，如汉代的敷彩纱纹样为藤本植物的变形纹样，由枝蔓、蓓蕾、花卉和叶子组成，线条婉转，流动自如，紧凑生动，富有浪漫气息。

图 2-1-9　汉代锦世纹

（五）魏晋南北朝时期服饰图案

魏晋南北朝时期，随着佛教的传入和中外经济文化的交流，图案的风格受到了外来纹样的影响，纺织品图案题材的内容日益丰富。受佛教文化传入的影响，纺织品中大量出现了忍冬纹、莲花等植物纹样以及佛教装饰常用的动物纹样。图案的内容大多以植物与动物组合而成，以对称构图形式居多，图案多以成双成对的形象组合出现，如对鸟对羊对树纹锦（图 2-1-10）、几何龙虎朱雀纹锦（图 2-1-11）。此时期的服饰图案一方面继承和发展了汉代的风格，另一方面是模仿和吸收了外来纹样。

图 2-1-10　对鸟对羊对树纹锦

图 2-1-11　几何龙虎朱雀纹锦

（六）隋唐时期服饰图案

从隋唐开始，工艺装饰中普遍使用花卉图案，其构图活泼自由、疏密匀称、丰满圆润。波状的连续纹样与花草相结合，形成了唐代盛行的缠枝图案。

唐代的蜡缬、夹缬、绞缬、碱印、拓印等印染工艺，及浸染、套染、媒染、防染等染色方法更是空前进步，蓬勃发展。许多新染料，如红花、靛蓝、苏木等，都被广泛开发和应用。在丝绸图案设计领域，则出现了窦师伦这样的名家。

联珠纹是指由许多个小圆相连接而组成的一个大圆状纹样，在唐代极为流行，具有时代特点。大体上，隋代联珠纹的小圆珠较少，唐代的小圆珠较多，一般为16—20个。联珠纹的排列格式有散点排列，称为窠或簇，这种在四个散点的空间常填饰忍冬纹，因向四面伸出，故称为四出忍冬；也有横排或竖排相连，还有四面相连，相连的交切处再饰以小圆珠、方块或花朵。联珠纹的外形，有长圆形的，也有双重圆珠的，格式多样，变化万千。在联珠纹中，多饰有鸟类、走兽、人物等。在构图上，有单独式，也有对称式，以对称式为最多（图 2-1-12）。

图 2-1-12 联珠鹿纹锦

　　唐代最有特点的装饰纹样为宝相花，花大而艳丽。用于服装装饰的宝相花，是指以牡丹或莲花为母体，经过艺术加工的一种花纹。它吸取众花的形象特点，简化提炼，使之程式化、样式化，因而富于装饰美，在唐代织锦中成为装饰主纹（图 2-1-13）。

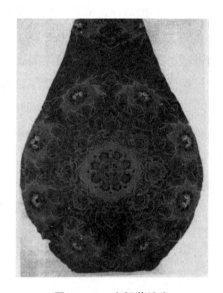

图 2-1-13 宝相花纹卷

　　小簇花是唐代十分流行的一种纹样。"簇"，从"聚"之意，即形成一朵朵小型的花簇。小簇花的外形一般为圆形，表现形式甚多：有的呈折枝状，有茎、有叶、有花；有的呈向上直立状，茎叶在下，花朵在上；有的呈环绕状，即枝叶呈环形；有的向两边伸展，呈横椭圆形。小簇花，有的有枝，有叶，有花，有的只有花和叶，有的则只有叶而无花。唐代表现花卉，常为花叶并重，对叶也有描写。唐代以后，只突出花朵，而对叶作次要处理，所以常见丰满圆润，体现了富丽丰满的艺术效果。小簇花有图案式，也有写生式。图案式较多样化，精练简洁；写生式比较写实。

（七）宋代服饰图案

宋代政权虚弱，政治上"守内虚外"，导致这个时期人们的审美趣味崇尚文雅，更多地寄情于世外山水，隐逸淡泊，这些特征在同时期山水花鸟绘画作品中可见。这些特征也会对工艺品中的图案格调有所影响。受时代审美的影响，宋代服装讲究淡雅简朴，花纹图案的装饰往往集中于袖、襟、领等边饰。宋代丝织品的图案与题材名目繁多，不胜枚举，大致有几何纹样、花卉纹样、鸟兽与花卉组合纹样、人物纹样（图2-1-14）等，图案大都有吉祥的寓意。另外，宋代丝织业发达，缂丝技术发展成熟。北宋时期缂丝主要用于织造服饰品，传世作品精工惟妙（图2-1-15）。

图 2-1-14　人物纹样

图 2-1-15　鸾鹊缂丝

（八）元代服饰图案

最具元代特色的丝织品中，首选纳石失。所谓纳石失，是一种加金的丝织物。元代贵族审美尚金，在服饰面料中大量地加金，以此来显示富贵和显赫的地位。元代的丝织品图案大多沿袭宋代，并受到蒙古民族以及西亚风格的影响。除对宋代丝织品图案组织形式八答晕式、团花式（图 2-1-16）、缠枝花式的沿用外，还有一类，颇具阿拉伯及罗马风格的异域图案（图 2-1-17），是与汉民族图案截然不同的造型与形象。

图 2-1-16　团花式

图 2-1-17　异域图案（由阿拉伯文字组成）

（九）明清服饰图案

明清时期是我国古代服饰图案发展的顶峰，在生产技术、丝织品种、印花刺绣、织造染色等各个方面都趋于成熟，加之历朝历代与外来文化的融合，图案的花色品种达到了顶峰。图案题材内容丰富之极，恒河沙数。有婴戏、群仙等人物图案，有龙、凤、狮、鹤、鹿、鹊、鱼等动物图案，有牡丹、宝相、石榴、桃花、莲花等植物图案（图 2-1-18），有八答晕、六答晕、方胜、龟背、盘长、如意等几何图案（图 2-1-19），还有各种器物和自然纹样，如云纹、水纹（图 2-1-20）、火纹、冰纹等。此外，还有"吉祥如意""福禄寿喜""富贵平安"等吉祥文字。图案组织形式程式化，代表性的形式有团花式、折枝花、缠枝花、八答晕式，还有散点式构图以及灯笼纹锦（图 2-1-21）、龟背、盘长等。明清时期独幅式的装饰图案多见于荷包、香囊等配饰以及官服上。与大多数服饰图案有所不同，这类图案独立构图，没有重复形象的形式。这也暗示着服饰图案发展的另一个方向的开端。明清时期的纺织品图案追求复杂的艺术风格，使服装看起来细腻繁密，色彩艳丽，至臻完美。

图 2-1-18　植物图案

图 2-1-19　几何图案

图 2-1-20　水纹

图 2-1-21　灯笼纹锦

第二节　外国服用纺织品图案的历史演变

一、总述

服饰风格，作为一种艺术特征，是艺术创作的个性表现，是设计者表现在服装设计和形式上的艺术特色。服饰图案的风格，是一个民族，一个时代，一个社会精神文明的具体体现。由于受历史、地域、思想、政治、经济、文化、风俗、宗教、科技等因素的影响，设计者把自己对生活的客观感受和主观意愿，通过一定的题材、内容、材料、样式和工艺技巧浓缩于独具特色的服饰图案当中。

在世界上，由于地理、种族等关系，构成了不同的经济文化圈。社会的不断发展，时代的变迁，生产力和生产关系的变革，政治制度的变化，物质文化生活的改变，造成社会结构越来越复杂，使人们形成不同的文化价值观。服饰图案的风格也随之发展变化，各具特色，呈现出不同民族、不同地区、不同时代的面貌特征。

丰富多彩的传统服饰图案风格样式是人类智慧的结晶，是人类宝贵的文化财富。我们要尊重传统，重视学习研究传统，从中吸取营养，提高设计水平，创作出新时代具有新风格的作品。懂得历史才能把握未来。认识和了解传统，是为了借鉴和创新。服饰图案的流行变化，其实是其在某个时期风格、形态上一定程度的再发展。继承和发展是历史的必然，从而形成了后浪推前浪不断前进的趋势。

西方文明发源于地处爱琴海边的古希腊文明，同时又受到了西部亚洲两河流域，即连接地中海东岸一片弧形地区——"新月沃地"文明以及北非尼罗河流域的古埃及文明的影响。它们都对西方服饰图案的发展具有深远而重大的影响。这几块古代文明的发祥地，在世界古代史的地位极为突出。西方的文明正是从古老的发祥地向西北延伸。历经古代、中世纪、近代、现代不断发展，现代文明在西欧形成了。这种文明发展的历史，同时也显示在西方服饰图案的变迁中。从某种意义上说，一部西方文明发展史就是一部文明在不同地域、不同社会环境中不断传播的历史。西方服装史同样表现出这种传播性，这是西方服饰图案在社会历史变迁中最基本的特征。

纵观在不断传播和转变中所形成的丰富多彩的西方服装史，可以明显看出，在文明传播过程中，服饰受到不同地域的自然环境和发展变化的社会环境的影响，一直处在不断融合、不断积累、不断扬弃的过程中，并且逐渐提高文明的程度。服饰总是以它独特的物质性和精神性，反映着它所依存的一定时期的社会历史的某些方面。服饰的发展也不能超越它的社会基础，所以我们不能说，这种服饰（装束）比那种服装（装束）更为正确；但从历史的变化来看，服饰所表现出来的物质性内容，会随着社会物质文明的发展进步得到相应提高，而有关服饰精神性的内容，随着社会生活的丰富又在不断地拓展、更新。

西方服饰是依靠传播来发展变迁的。而与此相对的中国服饰，则多是依赖于对传统的继承得以延续。在西方，本地域的服饰不会有非常顽固的正宗的地位，对外来服饰的吸收障碍不大，服饰文化观念比较宽容，种群符号的包袱并不沉重。中世纪，在丝绸之路以及十字军东征的影响下，西方各国坦然地接受了中国丝绸的诱人魅力以及东方的服饰风格。在东方，一种风格可能保持几百上千年，而这在西方几乎是不可思议的。在开放的西方社会里，依赖于文明的发展与传播，加之他们文化中表现出的躁动不安、遐思和好奇以及扩张和冒险的英雄主义精神，他们的风格总是在不断地变革着。一种风格产生之后，很快传播开来，而当一种新的风格兴起时，甚至有时前一种风格可能还没有普及，却又开始了新风格的传播。传播带来的是一定时期内风格的统一。在研究西方服饰的发展过程中，我们有时较难准确地确定这是法兰西的，还是英格兰的，或是意大利的。

据记载，公元11、12世纪的俄罗斯和东欧国家，其独具风格的民族服装就有在衣、帽、靴子上刺绣装饰图案。公元11世纪，十字军东征的骑士的背心上出现了绣有徽章式的图案。文艺复兴时期的西方服饰已呈现出完美的刺绣纹饰和花边图案，而在宫廷服装上，更是奢华地用宝石来装饰玫瑰花与动物图案。伴随着17世纪盛行的奔放而绚丽的巴洛克艺术风格，在人物绘画作品中，蕾丝花边、刺绣图案充满于男装和女装，以及手套、长袜等饰品中。18世纪欧洲范围流行的洛可可艺术，将西方的审美融进了东方中国的造型，服饰面料上出现了中国的花鸟纹、亭台楼阁、人物、动物、吉祥文字等装饰图案，纤巧富丽中渗透着精致的图案。进入19世纪，工业革命带动西方服饰进入一个辉煌的历史时期，苏格兰的花呢方格、西班牙斗牛士的刺绣衣衫、瑞典女子的花布长裙、丹麦人的网绣亚麻衬衩……各民族服饰文化趋向成熟，形成了丰富多彩的图案。20世纪初，时装设计概念在法国形成，欧洲成为世界服装设计的时尚领军地。20世纪末，时装被喻为"万花筒"，设计师被喻为"满天的繁星"，然而在众多的时装作品中，图案依然是表达艺术风格的重要元素。

二、国外服用纺织品纹样

（一）古埃及纹样

公元前3000年之前，古埃及就有了织锦的技术。从考古发现来看，服装上图案的题材主要有几何纹、神话人物、植物纹等。因为是织造图案，所以纹样的装饰性风格较突出。图2-2-1所示是一幅古埃及肩挂的图案，上面有半人半马的造型，有孩童、水果，正方形的布局均匀。古埃及墓室建筑的装饰纹样在后来的欧洲文艺复兴时期织物的纹样设计中得到了再度的发展与运用，如古埃及典型的棕榈树、纸莎草和各种花卉纹样，还有具有埃及特色的壁画人物造型等（图2-2-2），都被运用到了纺织品的纹样设计中。

图 2-2-1　古埃及肩挂

图 2-2-2　壁画人物

（二）古印度纹样

印度是古老文明古国之一，大约在公元前 5000 年就已经形成棉纺丝织业。典型的印度传统纹样以土耳其红、靛蓝、米黄、土黄、棕色和黑色为主要色彩，构图稳定对称。印度图案多以印度教故事和生命之树为表现题材。由于伊斯兰教的影响，古阿拉伯和波斯的图案特性在印度图案中也有所体现。印度传统服饰是缠绕式结构，女子身裹纱丽，臂上、腕上、鼻上戴着首饰，呈现出庄严、曼妙的美感。

（三）古希腊纹样

古希腊的服饰崇尚自然、和谐的生命之美。其服装多用整块亚麻布在肩部搭袢，或用金属扣连合，男女都穿束腰长衫，服装四角饰以重物，增加悬垂感。古希腊的服饰图案有皱褶装饰、珠宝装饰和刺绣等数种装饰方法，注重边缘装饰，图案精巧，以动物和不太复杂的散花为主要题材，色彩丰富。女性的服饰图案多表现歌舞场景，男性的则多表现战争和勇士题材。

（四）印加纹样

印加纹样是古秘鲁地区的印第安图案，是美洲图案艺术中最富有魅力的一部分。印加纹样以直线表现的方式为特色，因为纺织直线比曲线来得容易。印加纹样中，无论什么题材，都能概括成直线和折线的形式，形成多元的角形纹样，排列上也多采用直线或横条，用色单纯且纯度高（图 2-2-3）。图 2-2-4 所示为 15 世纪印加叠石几何纹织锦，这种抽象的图案对欧洲 20 世纪的新艺术样式产生过很大影响。

图 2-2-3　印加纹样

图 2-2-4　印加叠石几何纹织锦

（五）非洲纹样

非洲的纺织品比较有特色的是条纹布，是由一些狭长的布料拼接而成的，形成条格和几何形纹样，图案的布局非常复杂（图 2-2-5）。

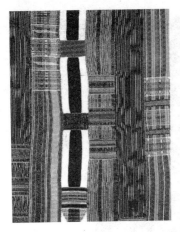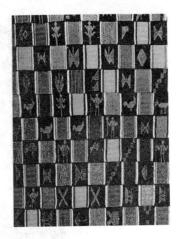

图 2-2-5　非洲条纹布

非洲民族服饰纹样典型的有康加纹样、基高纹样、基坦卡纹样等。康加为非洲的民族服饰，是一种用来包裹头、肩和身体的矩形织物。康加纹样布局严谨，表现为规律性重复的构成形式，四边有条纹；基高是非洲民族的一种筒裙，其纹样常采用蜡染的方式处理；基坦卡纹样也是一种非洲蜡染织物纹样，纹样题材丰富，造型粗犷奔放，布局以散点排列、条状排列和格形为主。

（六）日本纹样

日本美术素以装饰美著称于世，日本服饰文化亦以其强烈的个性魅力为世人所瞩目。传统的日本服饰以和服为代表，其服饰图案是一种自觉地协调各种美的因素的典型。

日本早期染织物图案丰富、细腻、雅致，有唐样、唐草、梅兰竹菊、凤凰、八宝、八仙等题材，深受中国文化影响。而平安樱与二阶笠以及表现神社等题材的写生纹样，则是日本民族文化的特有体现。现代的日本服饰常以新概念诠释穿着，如将人体视为一个特定的物品，将面料视为包装材料，将穿着于人体上的服装视为一种文化的载体。东方文化的传统与精华，在日本扭结缠绕和悬垂等手法的应用中，得到了新的发展（图 2-2-6）。

图 2-2-6　日本和服

（七）意大利传统纹样

15 世纪末的意大利掀起了文艺复兴美学思潮，服饰注重内在、含蓄的人情味。此时期的女式服装多选用豪华、绚丽的纺织品面料，包括各种锦缎、天鹅绒、花缎，通过形形色色的图案提花，营造出华丽的整体感觉。女裙袖子的肘部和腕部有精细的切口，衣领自然开裂袒露胸肩（图 2-2-7）。此外，软木高底鞋也开始流行。男子服饰同样华丽精美。

图 2-2-7　文艺复兴画家下的服饰

（八）波斯纹样

　　波斯，即今天的伊朗地区，16—18世纪是其装饰艺术发展的辉煌时期。波斯纹样是一种鲜明的伊斯兰装饰风格的纹样，在伊斯兰世界深受欢迎，并广泛流传，表现为以植物花卉为主题的藤蔓缠绕形式和以几何造型（图2-2-8）为主题的规矩纹样形式，还有对鸟对善的对称布局形式。波斯纹样对19世纪欧洲纺织品纹样设计产生了深远的影响，是设计师的重要灵感来源之一。这种纹样的风格也曾对我国纹样的发展产生过影响，比如唐朝的陵阳公样的图案样式。

图 2-2-8　几何形纹样

（九）巴洛克和洛可可纹样

　　这里的巴洛克和洛可可纹样是指欧洲17、18世纪的服饰纹样。17世纪的欧洲服饰与巴洛克艺术具有相同的含义，无论男装还是女装，都注重豪华装饰。蝴蝶结、领带、花边等装饰纷繁耀眼，图案以自然花卉为主要题材，莲花棕榈叶构成的涡卷纹、莨苕叶卷曲纹饰成为这个时期纹样的代表。花边图案也是这个时期的一个特色。

　　18世纪华丽而充满绘画感的丝绸织物花卉纹样是洛可可服饰纹样的代表。17世纪欧洲涌现了许多专门以花卉为题材的画家，提高了人们对花卉的钟爱度。花卉纹样也因此出现在印花织物上，并且发展成染织纹样的主角。"无论是开放在花园、原野中的花卉或是植物学书中的花卉，都按实际模样和色彩真实地表现在丝织物上"。洛可可时期是图案的"花卉帝国时代"。洛可可样式的纹样具有女性的、轻柔的、曲线的等特征，它把优雅、华美、繁琐的装饰样式发展到了极致（图2-2-9）。

图 2-2-9　洛可可女装服饰

（十）朱伊纹样

17 世纪，印度的印花布在欧洲地区流行，畅销的印度花布促进了欧洲印花业的兴起。1760 年朱伊印花工厂创立。朱伊是法国巴黎北部的小镇，之后因纺织技术的发展而闻名。朱伊工厂在印花技术和印花纹样上做出了巨大的贡献。朱伊纹样的特点是写实化、情景化，空间感强。题材上主要描绘以风景为主题的人与自然的情节，并以椭圆形、菱形、多边形、圆形构成各自区域的中心，其内配置人物、动物、神话等古典主义风格的内容。图案不仅有层次感，而且还首创了透视原理的空间性质在平面设计中的应用，成为法兰西印花业的代表样式（图2-2-10）。

图 2-2-10　朱伊纹样

（十一）苏格兰的格子纹

苏格兰的格子纹源于一种叫"基尔特"（苏格兰方格裙）的古老服装的用料。这种从腰部到膝盖的短裙，用连续的大方格花呢制作。一套苏格兰民族服装包括：一条长度及膝的方格呢裙，一件色调与之相配的背心和一件花呢夹克，一双长筒针织厚袜。裙子用皮质宽腰带系牢，下面悬挂一个大腰包，挂在花呢裙子前面的正中央，有时肩上还斜披一条花格呢毯，用卡子在左肩处卡住（图 2-2-11）。这种格子面料有的以大红为底，上面是绿色条纹构成的方格；有的以墨绿为底，上面有浅绿的条纹；有的格子较小，有的格子较大；有的鲜艳，有的素雅。苏格兰高地的居民在喜庆联欢会时，总是穿上漂亮的方格裙，吹奏欢快的风笛，跳起他们民族的舞蹈。据说，英国苏格兰格子代表着不同的苏格兰家族，在17世纪和18世纪的苏格兰高原部落之间的战争中，格子图案用来辨认敌我。19世纪这种格子装饰图案再次获得新生，并且影响至今，现在苏格兰格子已成为英伦复古风格的重要元素。

图 2-2-11　苏格兰方格裙

（十二）佩兹利纹样

19 世纪的佩兹利纹样源于印度克什米尔地区的披肩纹样。在英国佩兹利纹样被西方化，成为独具特色的成熟花型。以纤细的植物纹样组成松果纹样（火腿纹）为主要特征，纹样细密，繁复豪华（图 2-2-12）。

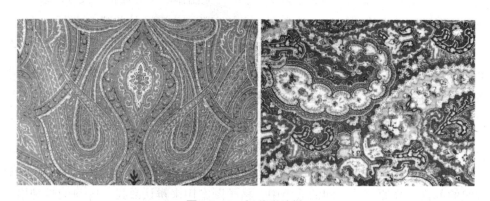

图 2-2-12　佩兹利纹样

（十三）19 世纪的欧洲纹样

19 世纪以工业革命为起点，人类文明的进程开始加速，交通、通信变得便捷，人们视野更加开阔，引发了对自然界、对东方民族文化的进一步探索，装饰设计的理念和审美在这个时期发生了很大转变，国际性的博览会推动了这种变化的发生。这个时期印花技术的革新与发展、化学染料的发明使这个时期的棉布印花盛行，印花题材有自然花卉、异国鸟禽、棕榈树、卷草纹，以及异国情调的题材等，写实主义风格的纹样刻画细腻，层次丰富。

新艺术运动成就的新艺术纹样是19世纪80年代到20世纪初在欧洲流行的装饰样式。追求新的自由的自然主义，用形态上的曲线表现植物的生长感以及曲线延伸的韵律感，通过线条的运动来增强装饰性（图2-2-13）。新艺术纹样试图摆脱对过去样式的模仿，同时广泛吸收异国流行的元素，比如东方的艺术形式。

图 2-2-13　新艺术纹样

第三节　现代经典服用纺织品图案元素流派

20世纪以后，世界文化出现了相互交融的大趋势，科技界的突飞猛进式发展与艺术领域急剧复杂的变化，给服装业尤其是服饰图案带来了许多新意。一个世纪以来，西方美术史所引起的各种思潮都在现代服饰图案上得到了充分体现。设计师们结合现代工业生产，创造出一道道绚丽多变的风景。

一、野兽派

野兽派诞生于20世纪初的欧洲，以马蒂斯、马尔开、杜飞等画家为代表。

野兽派注重自我对客观世界的主观印象和个人体验，他们的创作极力省略物象细节，多采用粗犷的线条表达轮廓，造型具有别具一格的夸张、变形、简练。色彩的表现上，野兽派强调对比，常用未经调和的原色、纯色塑造形象。野兽派美术对现代图案风格的形成与发展有着深远的影响（图2-2-14）。

图2-2-14 受野兽派影响的服饰设计

二、点彩派

点彩派自称科学印象派。他们把现代科学成果与印象派画法糅合在一起，使笔触色点程序化，以各种分解成平面的色素排列成大小相似、方向一致的点块形，从而构成变形、夸张的图形。点彩派图案极其适用于服饰图案的工艺制作。

三、立体派

立体派着意于探索画面结构、空间、色彩和节奏的相互关系。他们将自然形体分解成几何切面后，在画面上同时出现，表现出不同时空不同视点的许多层次、体积和块面。立体派大师毕加索的作品极具魅力，早已应用于服饰图案设计（图2-2-15）。

图 2-2-15　受立体派影响的服饰设计

四、欧普艺术

欧普艺术利用几何学的错视原理，将几何形与各种色彩巧妙接续，并叠在一起，造成画面上的闪动变幻感，从而产生幻觉图像或错视图像。欧普图案广泛应用于现代服装设计（图 2-2-16）。

图 2-2-16　欧普图案服饰

五、抽象艺术

抽象主义的创造者是俄国画家康定斯基。他用点线、面的组合构成，参照音乐的表现语言，进行抒情的创造和探索。而荷兰画家蒙德里安的绘画作品对奠定几何抽象主义理论基础有卓越贡献，其作品被广泛应用于服饰图案设计（图2-2-17）。

图 2-2-17　抽象图案服饰

肌理图案也是抽象图案的一种。主要是指服用纺织品图案在设计时运用视觉肌理效果来适合整体服饰设计的要求。视觉肌理的表现方法多种多样。

（1）手绘：是指运用各种工具或材料在平面图或服饰上做出各种技法，并形成不同视觉肌理效果作为服装面料图案。

（2）对服装面料的再加工处理、设计，创造出一种新的，富有视觉、触觉质感变化的肌理图案。就是说在服装面料上利用面料纤维性质、特性改造处理，造成一种触觉肌理效果。

肌理是指物体表面的纹理："肌"指皮肤，"理"指纹理、质感、质地。不同的质感有不同的物质属性，因而也就有着不同的肌理形态，如干和湿、平滑和粗糙、光亮和不光亮、软和硬等。这些肌理形态给人以不同的感觉。

肌理图案的应用在我国古代就已存在，如陶器上的压印法、瓷器中的窑变所形成的自然的裂纹，都给设计者以丰富的启示。

　　触觉肌理是用手抚摸有凹凸感的肌理。服用纺织品图案的触觉肌理设计就是指在服装面料表面上进行加工、改造，以达到特殊的装饰效果。例如，折叠装饰加皱处理、石磨、砂洗、泥洗或做旧\局部烫压，染后再加皱再染，打磨印纹加皱再印纹等处理手法。这样经过表面加工处理改造后的衣料更具魅力，满足现代人们对服饰的审美追求。

　　此外，衣料内部结构的改变，也会形成肌理变化。内部结构改变是指将衣料原有的织物组织、结构或局部进行有序的改变，通过部分的变化编制成序，或破坏衣料原有经纬结构而造成一种新的装饰效果，常见的有局部抽掉经线或纬线，或局部边缘做拉毛处理。

　　其次，还有拼合、缝缀工艺、综合材料组合等改变服饰肌理效果的方法。将不同的面料或相同的面料做各种形状的拼接，工艺手法有编、绕、缝、缀一起使用，材料与材料组合形成拼、缝、叠、衬、透罩等关系，产生质感对比、材料对比，产生凹凸的肌理效果。这种经过一定工艺加工组合的手法，由于材料不同、花色不同、工艺手法不同而呈现出五彩斑斓的面貌，使服用纺织品图案更具魅力。

　　肌理图案的一个重要特点就是以材质来创造美感，以肌理质感所形成的独特效果和观赏价值及视、触感十分别致。所以，肌理图案材料上的组合十分丰富和灵活，木、绳、竹、金属饰片、皮革、羽毛、贝壳、珍珠、陶瓷小片、植物果实都可以运用，再与其他纤维材料的各种工艺手法相结合，使表现形式更加丰富多彩（图2-2-18）。

图 2-2-18　几何图案服饰

六、蕾丝元素

蕾丝是源自欧洲传统的一种纯手工工艺,最早出现于 14、15 世纪,以比利时、法国、意大利出产的蕾丝最著名,比利时还有一所专门学习蕾丝工艺的学校。

传统手工蕾丝制作时,先把设计好的图案放在下面,将丝线绕在一只只拇指大小的小梭上(一个普通的图案也需要几十只或近百只小梭),采用不同的绕、编、结等手法来制作完成。每一款蕾丝作品一般都是一个人独立完成,这使蕾丝具有了独一无二的艺术品特性,深受贵族的青睐。手工制作的蕾丝用于高级的时装或婚纱,也用于桌布、床品、窗帘与家用纺饰品的点缀。现在我们所说的蕾丝泛指各种花边,大都是机器生产的。蕾丝图案设计讲究图案的疏密编排,其可以通过图案本身的结构来表现,也可以通过蕾丝图案在整体家纺的布局来实现,如床品或窗帘的底边或局部采用蕾丝图案,起到画龙点睛的艺术效果,同时也降低了手工的成本,是常见的一种设计方法。蕾丝图案色彩以白色等素色为主,图案的造型层次全凭借网眼结构和疏密来实现。

经过几个世纪的发展和演变,蕾丝成了女性魅力的化身。19、20 世纪之后的时装设计师们将蕾丝大量运用到服饰设计当中,如珍妮·郎万、艾尔莎·夏帕瑞丽、可可·香奈儿、瓦伦蒂诺……在新的设计浪潮下,从高级成衣、奢侈品牌,到当下的快时尚,蕾丝在服饰领域的运用越来越普遍和广泛。蕾丝装饰物不但可以凸显女性的高贵,也可以时刻洋溢着女性独有的可爱之感。除此之外,拥有蕾丝装饰品的高级定制服装也可以拥有优雅而复古的贵族气息。如今将蕾丝作为主面料使用的服装设计手段,已经成了服装设计领域的一种潮流和时尚,延续了蕾丝以往的流行风潮。但是,也正由于我们前边所讲到的蕾丝产品所具有的神秘、性感、优美、纤细等特性,所以在运用蕾丝进行高定服装设计的时候,需要设计师在前期做好充分的蕾丝样式选取考虑,在服装设计应用过程中,不论款式设计还是面料纹样、颜色的选取,都不能体现出轻浮感和低俗感,而是应该将女性的柔美感和高级感作为设计主导。与普通面料相比,蕾丝面料具有镂空、花型多样、自带装饰感的特性,在设计的过程中可以通过不同的比例配置、廓形、色彩、工艺装饰、辅料等设计要素的组合,设计出不同风格的、适宜不同人群的服饰。因此,目前应用蕾丝进行的设计,不仅仅只被用于高级服装定制当中,在日常的休闲女装以及大众装束当中,服装设计师也会大量运用到蕾丝这一重要的服装装饰元素，可以赋予使用者足够的浪漫情感（图2-2-19）。因此，蕾丝装饰品也被大量运用到现代婚纱设计过程中。运用了蕾丝装饰品的婚纱，不但可以体现出整体衣物的轻盈之美，也可以体现出新娘的高雅品位。精致打造的蕾丝装饰品，具有细腻的触感，可以进行贴身的剪裁，既体现了女性整体形态的美，也更加突出了新娘散发的个人魅力。同时，婚纱意味着永恒的爱情主题，因此，富有变化的蕾丝装饰品，因其千变万化的设计图案和工艺手法，使得纯白色的婚纱在定制后穿在新娘身上，可以绽放更加动人的展示效果。蕾丝装饰品的选择性使用，可以突出新娘的性感以及高贵和优雅。

图 2-2-19　蕾丝服饰

随着男装中女装元素的不断融入，作为性感柔情的代表之一的蕾丝，也被频繁地使用在男装上。蕾丝为男装注入了新的活力，创意地展现出在男装上的独特魅力。一些时装大牌们相继在发布会上推出男装蕾丝系列，足以说明设计师已在有意识地强调蕾丝在男装设计中的地位。独特的设计、阴柔妩媚的元素与阳刚气质碰撞，显出男子柔情性感的另类潇洒。正是由于蕾丝特有的魅力，才使男性逐渐开始关注蕾丝元素，这为阳刚的男性增添了几分柔情，显现出男性温柔的一面。随着中性化服装趋势的凸显，越来越多的男装品牌出现了女性化的趋势，如款式的贴身、色彩的亮丽和质地的柔软等。这些女性化的元素在经过设计师们的构思和搭配下，迸发出前所未有的阳刚气度。而在媒体的煽动和时尚达人的刺激下，蕾丝与现代男装设计风格的结合迅速风靡全球，成为时尚焦点。蕾丝元素作为一种女性化元素，在日常生活中经常可以看到，无论它在服装上占据的比例是大是小，都能起着决定性的作用。大面积地使用蕾丝元素会给人一种华丽的感觉，而小面积地使用蕾丝元素会给人精美细腻的感觉。现代时尚中，蕾丝与男装结合，时而性感诱人，时而浪漫纯真，创造出不少的惊人之作，传达出强烈的欧式复古情怀（图 2-2-20）。

图 2-2-20　男士蕾丝服饰

七、几何纹样（点纹、条纹、格纹）

几何图案形象在古代就已作为日常生活中基本的一种装饰形式而存在，并广泛地使用在器物造型、纺织品、服饰、建筑等方面。几何纹的产生与当时的工艺需要有关。从历史的演变看，每个民族都赋予它不同的特点和风貌，在中、西方国家几何图案有着不同的含义和象征。几何形图案有着极强的视觉冲击力，单纯、简洁、明确、有序、严格，满足了现代文明的价值取向和人们的审美趣味。几何图案主要以方、圆、三角及各种点、线、面为主体形象，组织结构规律、严谨，具有简约、明快、秩序感强的特点。在服用纺织品图案的应用方面表现有点纹图案服饰、条纹图案服饰、格纹图案服饰（图 2-2-21）。

图 2-2-21　点纹图案服饰、条纹图案服饰、格纹图案服饰

八、包豪斯——平面构成纹样

包豪斯不仅是一个学派，更是一种设计语言，在阴影的阴暗交错间，用极简的几何语言勾勒出明朗兼具实用功能的设计艺术品。并且，它以一种全新的设计思想影响着全球的设计者，使现代设计思想受到重大冲击。更重要的是，包豪斯的艺术思想对当代人产生了极为深远的影响。包豪斯提倡艺术与技术相统一，以人为设计对象，以自然规律为根本原则进行艺术创作。这些全新的设计理念对服装设计领域产生了重要影响，推动了现代设计思想由理想主义不断转变为现实主义风格，更加注重科学性和客观性。

由此出现了产生于包豪斯时期并流行于整个 20 年代的服装外形——宽腰直筒型女装。服装由此进入一个新纪元，开始了讴歌和追求机能主义的时代，服装造型也朝着简约的机能性方向发展。当时服装设计非常流行直线与曲线相结合的元素应用，通过抽象与具象的鲜明对比，创造一种简洁大方的现代艺术模式。特别是在直线的运用上，更是与工业化时代的特征十分吻合，并逐步演变成现代设计领域的基础内容。

此时的世界时装流行强大阵营由香奈儿、薇欧奈、郎邦等设计师形成。香奈儿设计师紧紧把握时代脉搏，根据当时的社会发展趋势，正确地判断出当时米色和黑色的时代主色调，推出了全球首款由男士织物制作的女装服饰。从此之后，市场上的男女服装开始广泛采用针织面料，同时也影响到了腿肚子裤、平绒夹克和礼服等方面的设计思潮。造型也变得极为朴素，单纯简洁化。著名设计师薇欧奈在全球范围内首创斜裁风格的裁剪技术，根据面料的特点和女性的体型特征，设计出了更加具有美感的服装，并直接利用各种质感的各种性能的纤维材料立裁出服装造型（图 2-2-22）。

图 2-2-22　斜裁风格服饰

九、马赛克纹样

马赛克图案的元素通常是多边形的而且能任意组合。棋盘格是马赛克图案中最简单的造型，固定的大小，特定的形状，有秩序地排列组合在一起。这样拼凑出来的几何图案运用在服装中有很强的秩序感和趣味性（图 2-2-23）。

图 2-2-23　几何马赛克服饰

以植物图案为题材的马赛克图案也是被设计师广泛运用在服装中，用不同大小的色块拼贴成具有花卉感的图形。这种以植物为题材的马赛克图案运用在服装中，生动有趣，如图 2-2-24 所示。这种图案的呈现，要对服装效果的整体性进行把控。这就要求设计师对每个马赛克个体之间的形状大小、色彩、排列方式包括方向和顺序还有个体之间的距离都要有精准的掌控。

图 2-2-24　植物马赛克服饰

十、兽皮纹样与环保时尚

将各种天然美丽的动物皮毛纹理直接印制在各种纺织品表面的兽皮纹样，不但为人们演绎了丛林深处的美丽，更在满足人们趋新求异的着装心理的同时，从另一个角度唤起了人们的环保意识，诠释出服饰文化的深层内涵（图 2-2-25）。

图 2-2-25　兽皮纹样服饰

十一、羽毛纹样与羽衣纹样

在美洲土著人看来，羽毛不仅仅是一件装饰品，一个人穿戴着鸟的羽毛，就能与其灵魂相通，也就被赋予了这种鸟的特性。这在穿着印有羽毛纹样衣服的人身上也有所体现。印在丝绒上的孔雀翎毛纹样气派华贵，而真丝头巾或毛呢裙子上遍布的猎禽羽毛纹样则展现出秋色，洋溢着一种雅致的活力和森林的气息（图2-2-26）。

图 2-2-26 印第安人服饰

十二、贝壳昆虫纹样

贝壳用作纺织品印花图案可以追溯到纺织品行业诞生之初，但始终不怎么流行，直到第二次世界大战后度假服生意发展势头良好，这种纹样才变得常见。用得最多的是扇贝，外形扁平、对称，看上去像把小扇子，抽象却又不失具体，引人遐想（图2-2-27）。传说中世纪时，西班牙一处重要的朝圣地孔波斯特拉附近的海域盛产扇贝，朝圣者会捡一只扇贝放在帽子上，以表示自己到过圣地；十字军战士也会穿戴扇贝，因此扇贝也成了基督教的象征。当代设计师虽将扇贝纹样用作度假衬衫纹样，但可能并不明白它与西方衣着的这一段典故。

图 2-2-27　贝壳纹样衬衫

在西方，自拿破仑时期起，蜜蜂就是王室权力的象征，至今也被许多的设计师运用到服装设计上。最早将昆虫元素引入时尚界的设计师之一是意大利设计师伊尔莎·斯奇培尔莉。由她设计出来的超夸张金属蜜蜂胸针在 20 世纪 50 年代受到了许多明星的追捧。设计师不仅会将昆虫形态运用在图案上，还会运用昆虫的肌理或者花纹做出不同的效果，或平面或立体，造型多变（图 2-2-28）。昆虫纹样不论其创作的灵感来源于现实世界还是想象世界，纹样通常具有简化和抽象的共同特点，利用简化和抽象形式达到图案化的目的，形成具有一定结构化的规律性和定型化的图形。

图 2-2-28　昆虫纹样服饰

十三、原始艺术纹样

原始艺术纹样中最具有代表性的就是非洲图案。非洲图案具有极强的视觉装饰效果，许多设计师都热衷于将其运用到相关作品中，以产生强烈的视觉艺术效果（图 2-2-29）。一些设计师以非洲丛林为主题的时装系列，从卡其色裤装、军绿色猎装风格长裙、防水布长靴，到印满丛林印花图案的连身裤、比基尼，还有各种色彩炫目的印花裙，还有漂亮的色彩或中性或性感的潮流单品，让人目不暇接。

图 2-2-29　原始艺术纹样服饰

十四、佛的时尚

佛教的艺术表现形式是一种特殊的形式，它的发展与人类的历史文明和生产活动有着重要关系。佛教纹饰经过历史的演变，再经过国内外众多设计师的提炼，在我们的生活中频繁出现。通过设计师的感悟设计，佛教文化的精髓得以体现（图 2-2-30）。佛教文化中恬淡随性的态度影响到服装设计，更影响了人们的生活态度。

图 2-2-30 与佛教有关的服饰

十五、夏威夷风情纹样

夏威夷图案源于美国的夏威夷群岛，在中国也称"阿洛哈"花样，自 1961 年开始流行。特殊的地理和人文环境，形成了独特的夏威夷图案，旅游业更推动了夏威夷图案的发展，使其以印染的衣料及服饰行销世界各地。夏威夷图案多以扶桑花、椰子树作为主要纹样，并配以龟背叶、羊齿草等热带植物以及生活静物、海洋生物为背景和辅助图案，同时在纹样间点缀土著语与英语单词。夏威夷纹样通常以大花型配置明快对比的浓丽色彩，艺术风格十分独特（图 2-2-31）。

图 2-2-31 夏威夷风情纹样服饰

十六、男性领带纹样

领带的纹样变化多端，其中格子、波点和条纹三类尤其流行，几乎每位男士都有其中的一种或多种。格子领带包括细格图案和大格图案，细格强调稳定和恬静，大格偏显粗犷与豪迈。

提到格子领带，自然要将笔墨放在奢侈品牌巴宝莉上（图2-2-32）。巴宝莉1924年注册商标，起初主打风衣，然后成功地将格子风格渗透到服装、配饰和家居用品中。巴宝莉格子带有浓郁的苏格兰风情，红色、骆驼色、黑白相间格等都是巴宝莉的代名词。近几年，年轻的设计师尝试将威尔士王子格引入设计中，改变了苏格兰传统格子相对呆板的风格，使得品牌更加时髦。巴宝莉品牌具有标志性的格子图案，巴宝莉领带则延续了这一经典设计。设计师选用挺括的羊毛面料，将不同大小、颜色、设计风格的格子应用到领带上，成就了一系列经典。

图2-2-32　英伦风格格子领带

波点领带是由重复有序的圆点排列构成，小波点显得雅致，适合商务；稍大的圆点比较活泼，但过大的圆点视觉上会显得有点滑稽。领带上的圆点图案起源于19世纪后期的英格兰，当时波尔卡音乐盛行，而圆点图案能够展现出波尔卡音乐的欢乐和轻松感，因此圆点图案出现在领带上，并将圆点领带称作波尔卡领带。传统意义上的波点图案色彩柔和，圆点设计比较随意，可以一样大，也可以大小不一；圆点颜色与底色变化较多，可以同色调也可以选用强烈的对比色。设计师通过色彩与圆点大小的变化可以轻松地表达出自由主义嬉皮风格或者雅致的商务风格（图2-2-33）。

图 2-2-33　波点领带

　　条纹领带包括横条纹、竖条纹和斜纹领带，其中斜纹领带占的比例最大。斜纹领带源自英国军团制服所使用的花纹，英式条纹从左上到右下，美式则相反。条纹的类型有很多，包括铅笔条纹、粗纹条纹、双条纹、同调斜条纹和常春藤图案等。铅笔条纹是指用斜线条将面料分割成规律的间隔，依间隔距离不同分为窄条纹和基本条纹。粗纹条纹与铅笔条纹形态相同，不同的就是用较粗的类似蜡笔或粉笔的线条取代细线纹，形成另一种风格。设计师还将粗纹条纹放大，并选用几个相近色形成块状图案，并在块状边缘处加入铅笔纹，形成了类似常春藤图案的军团风格。此外，条纹领带家族还包括两条较细条纹并在一起形成的双条纹，相同尺寸色块拼接形成的团旗图案等不同风格条纹（图 2-2-34）。

图 2-2-34　条纹领带

十七、文字纹样

　　文字图案指以文字为素材的图案。不同的地区、民族有属于自己的文字，将文字作为沟通的符号，不仅具有内涵，也同样具有形式的美感，因此成为图案的一个重要素材。

文字自古就是传达、记录民族思想理念、信息的最有效手段。中国的书法艺术和文字装饰艺术在当今服饰中使用最普遍，尤其是在服饰配件、附件配饰上到处都能见到文字装饰。由于文字具有丰富的表现性和极大的灵活性，既可单字使用，也可成文成句使用，根据装饰对象灵活运用，文字这种丰富的表现性、灵活性很容易在服装中应用。不论是童装、休闲装、时装还是运动装、职业装或各种附件的装饰，适用对象范围很广，在服装面料上用文字作为图案设计也是非常普遍的。

文字图案的设计注重形式感的同时，有的也注重文字的内容。比如中国古代文字图案中大部分都具有吉祥的含义，比如"福、禄、寿、喜"在纺织品中的运用，而现代纺织品上文字的设计更加注重形式感，比如单纯的字母图形设计、报纸排版形式的文字设计等。由于文字有不同的书写体，为文字的造型变化提供了更多的依据，文字的不同组合、色彩的变化，以及与其他素材的结合运用，使服用纺织品图案中文字的运用形式更加丰富（图 2-2-35）。另外，文字也可以与其他形象、图案组合使用。由于文字具有鲜明的文化指征特点，所涵盖的意义和联想远远超出了其自身，通过谐音、寓意表达人们对幸福生活的向往。现代人追求哲理性、个性、直观性的服用纺织品图案，使文字图案的内容与形式结合得更加完美。

图 2-2-35　文字图案服饰

十八、莫里斯纹样

欧洲工业革命之后的工艺美术运动和新艺术运动，为这个时期的纺织品纹样创造了丰富的具有时代特征的样式，产生了大批的纹样设计。威廉·莫里斯——工艺美术运动的代表人物，他为许多生活用品做了大量的设计。莫里斯的纹样主要表现植物和自然的富于变化的生动形象，经常采用田园景色中的鸟儿为设计主体，结合百合花、金银花、茉莉，以及雏菊作为装饰元素（图2-2-36）。莫里斯设计的纹样被广泛地用于纺织品、日用品的装饰。

图 2-2-36　威廉·莫里斯设计的纹样

十九、花卉纹样

随着现代科技的迅速发展，服饰图案中的花卉图案已经成为领导流行的主体，像提花、晕染效果的图案，水彩风格的大型花卉图案，在现代技术的加工下，花卉图案在现代服装设计中都表现得淋漓尽致。

大量的色织提花、套色交织、平纹印花技术，使得花卉的展现充分并且生动；在花型方面，传统的花型表现方法被打破，取而代之的是用粗细的变化表现花卉的婀娜，深浅的变化表现花卉的立体形式；抽象花卉图案的创新，则是通过一种高度概括的、理性的手段来给服装受众群体展现一种美的意境。另外，现代的珠绣技术，更是将花卉包装得富贵典雅，亮闪闪的珠花、绣片、金属丝线，使得服装金碧辉煌。

花与服饰有着千丝万缕的联系，在古今中外的服饰装饰中，最常见的莫过于花了。花卉图案一向是女装的专利，通过花卉图案在女装上的应用，可以达到吸引视线、营造美感的作用。通常，花卉的色彩明度高，色调暖和，代表着热情、兴奋、活泼；反之，色彩明度低、色调冷淡、小花卉，则表达一种恬静、文雅、庄重。这种装饰也可以通过对领、袖、腰、肩、背等部位的点缀达到展现艳与美的目的，使女性的身姿在花卉服装的装饰下展现出更加广泛、更加深刻的美感。

花卉在裙装上是不可缺少的元素。蔷薇、紫罗兰、牡丹、金盏花等各式各样的花卉绽放在女装上。裤装，原是中性化的体现，它使女人们看上去英姿飒爽、独立。然而，当裤装遇见花卉，便完全改变了它原来的模样，变得柔媚、风情万种、顾盼生姿起来（图 2-2-37）。而今走在大街上，冷不丁就会碰上穿着绣花裤的女子，复古风格让人恍如隔世。那妩媚、耀眼的花卉图案徒然出现在女人的裤子上，或是温柔婉约的细小花卉图案，或是张扬热烈的团花图案，在裤腿、裤脚上舒展着、展放着。这种流行的绣花裤采用了传统的面料，如牛仔、棉、麻、丝绸等。牛仔面料上刺绣了花卉图案，狂野不羁中透露出些许柔美，年轻充满朝气的女士对此最是宠爱有加；丝绸锻面上刺绣花卉图案，更是尽现女性高贵、祥和的气质；而普通面料上的刺绣则像小家碧玉般轻俏、活泼。配上牡丹、蜡梅等绣花样式，自然地流露出喜气的东方韵味。

图 2-2-37　花卉纹样服饰

二十、工业纹样

1980 年春夏国际时装出现了以工业为题材的印花图案。图案是以各种各样的机械设备、齿轮、工具等具象为对象展开的（图 2-2-38）。它与假日图案、黑体字图案 一起流行起来。

图 2-2-38　机械图案服饰

二十一、阿拉伯纹样

随着伊斯兰教的兴起及设计的繁荣，阿拉伯纹样在东西方艺术传统的影响下，逐渐进入到一个全面发展的时代。阿拉伯纹样不但对广大的伊斯兰国家有着深远的影响，对中国、欧洲等国家和地区的图案都有着不可磨灭的影响。我国唐代的卷草图案和敦煌的藻井图案都是由阿拉伯图案发展而来的。

阿拉伯图案大体由两个部分组成，一是阿拉伯卷草纹，二是阿拉伯结晶纹。卷草纹主要以埃及的莲花和纸草花、美索不达米亚的忍冬花、希腊的莨苕叶等植物为主题，将花、叶、茎连在一起构成对称的、规则的、卷曲的连续图案。这种图案在希腊时代、罗马时代乃至意大利文艺复兴时期风靡一时。 我国唐代的图案受其影响很深，并有所发展，出现了牡丹卷草纹、石榴卷草纹等，所以在日本至今称阿拉伯卷草图案为唐草图案。

由于伊斯兰教正统派严禁偶像崇拜，反对把具象化的人物、动物等生命体作为礼拜的对象来描绘，因此以几何图形为基础的抽象化曲线纹样，就成了伊斯兰装饰艺术的突出特征。伊斯兰教对图案的造型空间进行了几何解析，使阿拉伯植物图案逐渐抽象化，成为几何骨架的植物图案。

结晶纹是伊斯兰图案的特色，把画面分割成正十字形的格子，横直之间的交叉点作为图案的圆心，以圆心展开成六角、八角、十二角形的几何型图案结构，再在这种结构上发展成几何的或植物的图案。

阿拉伯纹样吸取东西方装饰艺术的精华，发扬了西方卷草纹的曲线风格和萨珊波斯纹样的象征性，在伊斯兰宗教的长期熏陶下，形成了独特的艺术风格（图2-2-39）。

图 2-2-39　阿拉伯纹样服饰

二十二、扎染蜡染纹样

扎染很早就被古代印度、中国和非洲的大师所使用。扎染工艺分为扎结和染色两部分。它是通过纱、线、绳等工具，对织物进行扎、缝、缚、缀、夹等多种形式组合后进行染色。这种不寻常的染色方式正在经历一场新的流行浪潮（图2-2-40）。

图 2-2-40　扎染纹样服饰

蜡染在古代同样被我国古人和古埃及人所使用。蜡染是用蜡刀蘸熔蜡绘花于布后以蓝靛浸染，既染去蜡，布面就呈现出蓝底白花或白底蓝花的多种图案。同时，在浸染中，作为防染剂的蜡自然龟裂，使布面呈现特殊的"冰纹"，尤具魅力（图 2-2-41）。

图 2-2-41 蜡染纹样服饰

了解纺织品的发展历史以及纺织品的利用是很有用的，从中可以得知，不同面料和技术是怎么在西方时尚界成为宠儿的；了解在不同的文化中，织物是如何被用来包覆人体的。面料设计的灵感来源非常丰富，它可以以颜色、纹理、结构和比例的形式显示出来。像所有的设计一样，关注时尚界和面料的流行变化也非常重要，还需要做一些最原始的研究，来保证作品有一定的创新性。纺织品最原始的研究可以来自任何东西，如历史文物服装、美术馆、大自然、建筑、书籍、网络和旅行。因为这些研究能提供图形、图案、结构、颜色和轮廓线的设计灵感。服装面料图案的发展受到一些图案流派的影响，这不仅与文化有关，也与技术进步及社会流行趋势有关。

第三章　服用纺织品图案的设计

本章的主题是服用纺织品图案的设计，从设计的含义、服用纺织品图案设计的构成、服用纺织品图案设计的造型、服用纺织品图案设计的表现等方面来讲述。

第一节　设计的含义

一、设计的日常语义

日常生活中，当我们谈论设计的时候，最初想到的是设计的字面意义，亦即设计的字源学含义。对设计含义的理解不能停留在设计的字源学分析层面上，但字源学的分析能够给予我们一定的启示。《牛津大辞典》同样将"design"的词义分为动词和名词两部分，作为名词的语义一是心理计划的意思，指思维中形成意图并准备实现的计划乃至规划；二是艺术中的计划，尤其指绘画制作准备中的草图之类。作为动词的"design"，一是意味着指示；二是建立计划，进行构想、规划；三是指画草图、制作效果图等。

汉语中的"设计"，由汉字"设"和"计"组成。"设"在汉语中作为动词，有安排、建立、构筑、陈列、假使等含义。"计"在汉语中动词名词兼用，名词如"计谋""诡计"等，动词如"计算""计议""计划"等，"计议""计划"又有名词的词性。因此，"计"作为动词有计划、策划、筹划、计算、审核等含义。

日常语言使用中的设计有多重含义、多个层面，通常可以分为三类：第一，精神活动层面。设计作为人的一种创造性活动，是指在人的意识和思想中对人的生活世界进行预先设定与规划，是宽泛意义上的设计。第二，造物活动层面。设计起源于人类生存与生活的需要，是人为了改善生存环境而进行的有目的的造物活动。从远古的石器、彩陶，到今天的电子产品、家具等，都是人类为了改善自身的生存环境，基于精神或物质上的需要而创造出来的物品。这是狭义上的设计。第三，非物质层面。指在信息社会中，对信息的处理和传达所进行的设想与规划，如人机交互界面的设计、软件程序的设计等。这是设计在信息时代中出现的新的表现形式。设计专业中的设计概念和上面所说的三种含义都有所关联。

二、设计的理论形态

除了日常语义上对设计的一般理解外，古往今来，中国和西方的哲学理论也对设计有这样或那样的观点。这为我们思考设计、理解设计开辟了另一条道路，为揭示设计的本质找到了一种哲学的依据。

设计作为一个行业，最初产生于西方工业革命时期。所以，对设计的理论形态分析时，我们先将视线投向西方近代设计史。同时，中国悠久的造物活动中有着丰富的设计思想，特别是 20 世纪以来，伴随着西学东渐，西方的设计思潮、设计理念也传入中国，更是影响了中国的设计活动与设计实践。所以，我们还要分析设计在中国文化中的发展演变轨迹。

将设计作为一门独立的学科，是西方工业革命以后的事情。在此之前，从古希腊到中世纪，设计一直是在传统技艺的范畴内被思考、被言说的。它与艺术家的创作理念和创作活动相关联，对内是理念的追寻，对外是质料的赋形，将神或上帝的观念物化。在此之后，最初从文艺复兴开始，美的艺术与手工艺逐渐分离，艺术家的地位上升，工匠被逐出艺术的大家族。而工业革命的发生，则最终将设计与艺术分离，并将设计从生产、制造、销售中分离开来。设计从此走上了独立的道路。这时，设计意味着决定和判断，是对生产产品的预设和规划。设计先于制造，与制造产品的活动相分离，成为工业生产之前的行动指南，指挥着产品的制造。它介于思想与制造之间。

中国古代的造物活动是中国设计的古典形态，而且在中国丰富的哲学思想资源中，有着许许多多关于设计的思考。比如儒家重器，特别是礼器。礼器原本也是实用器具，当其在特定的礼仪上使用成为定制之后，就转变为礼器。孔子多以礼器喻人，其目的在于鼓励弟子通过自我修养而成为君子。后世评论人多用"器"

字，如"器宇""器局""器量""器能""器识""器重"等，与孔子的重器不无关系。道家轻器，既轻视用器，也不重视礼器。这种态度是道家崇尚自然，主张返璞归真的必然结果。禅宗讲究心灵的觉悟，认为根本问题不是外在的，而是内在的，即对于人自身的佛性也就是自性的发现。所以，器在禅宗这里也是无关紧要的，甚至会搅乱人的本性，使人妄生贪欲，阻碍人顿悟成佛。

儒、道、禅三家思想是中国传统文化的重要组成部分，他们对"器"的认识，对造物的思考构成了中国传统设计形态的哲学视野。在这种视野内我们可以看到，总体上中国文人士大夫是依照中国古代的"形而上者谓之道，形而下者谓之器"之说行事，崇"上"而鄙"下"，能够心平气和地"坐而论道"，看待器物以及制作器物的工匠为其次，这样的意识，作为文人的传统一直影响到近代。

中国古代虽然有对造物设计的思考与言说，但并没有将设计作为一个独立的本体来研究，而中国现代设计也更多的是从西方思维体系演化而来。20世纪以来，在西方各种设计思潮和国内时局的影响下，中国现代设计在近百年的时间里，经历了从"图案学"到"工艺美术"再到"艺术设计"的名称变换。词汇的变化常常反映出一个时代和社会的独特风貌，尤其是两个彼此相关而又有所区别的词，它们在历史发展中的此消彼长、互相制衡更能体现这一点。这三个名称代表了三个不同的阶段：最初"图案"一词就包括了平面图形和立体形态的设计，与"design"是一致的；后来的工艺美术指的是与日常生活相关的各类物品的设计，在本质上与"design"也是相同的；现在我们用"艺术设计"(design)一词，表面看是一个新词，实际上与前两者在内容上完全相同。三个词的演变，意味着认识角度的转换，而基本内涵并没有根本性的差别，但认识角度的转换也是研究重点的转移。从造物过程看，无论是手工业、机器生产，还是现代高新技术，总有一个创意的前阶段，再有一个制作的后阶段。这是一个完整的过程。

其实，艺术设计与工艺美术、装潢、装饰、图案、实用美术等概念，还存在着或大或小的差别。从范围上看，艺术设计基本上涵盖了工艺美术、装潢、装饰、图案等概念；从性质上看，它们之间存在着一些差别。工艺美术是通过使用一定的工艺技术对工艺材料进行审美设计和加工制作，从而形成一个既带有物质性又具有精神性的艺术门类。艺术设计也需要技术和材料，也具有物质性和精神性，这是它们之间的共通之处。其差别主要在于：首先，工艺美术更重视传统技艺、传统工艺的传承和创新，重在对物品的美化上，而艺术设计则不是先有对象，后有美化的设计，也不是在物品成型之后再附加上去的"美化"成分。艺术设计存在于策划、设计、生产（制作）、销售等过程中，并且超出了一般意义上的艺术活动的范畴，而与技术、材料、工艺、市场、消费、反馈等因素紧密地结合在一起，形成了完整的策划、设计、生产、销售、反馈体系。艺术设计不再是停留在美化物品（产品）的基点上，而是深入到了"物—人—环境—社会"这一复杂的关系之中。其次，工艺美术多依赖于个人技艺，并且是小批量或单件的制作，而艺术设计的主流是依照设计师的设计蓝图，对物质材料进行加工，实现批量生产。艺术设计既要以功能为主，同时还要考虑造型、材料、技术，工艺、制作程序、人机因素、市场销售以及信息反馈等，以达到技术与艺术、实用与审美、经济与文化的有机融合。工业化社会中的艺术设计，其最大的特点不是手法上或技术上的变革或进步，而是工作方式的系统化、结构化、程序化。它强调要与大生产条件下的生产方式相吻合、相协调，由手工业时代个人化、私人化、非结构化的工作方式转为社会化、集群化、结构化的工作方式，并形成了批量化、规模化、标准化、流水线式的"设计—生产"新模式。即便到了工业化后期和后工业化时代，艺术设计尽管会发生一些变化（如小批量、多元化等），但它与工艺美术的区别还是比较明显的。

艺术设计这个术语，由国家教育部于 1998 年在制订高校专业新目录时正式提出，把以前的环境艺术设计、染织艺术设计、陶瓷艺术设计、装潢艺术设计、装饰艺术设计、室内与家具设计等专业合并成一个，即艺术设计。国务院学位委员会新修订的《学位授予和人才培养学科目录（2011 年）》，新增艺术学为第 13 个学科门类，把设计学升级为一级学科，视觉传达设计、环境设计等就成为设计学的二级学科。在此之前，视觉传达设计、环境设计等还是艺术设计的一个方向。

现在用视觉传达设计、环境设计等更加具体的设计来代替"艺术设计"这个概念了，因为设计并非仅仅就是"艺术的"或"唯美的"设计，同时，它还要考虑到具体的设计对象，即根据一定的生产技术条件和制作技艺的可行性，而进行创造性的活动。具体的设计对象，是指产品设计、视觉传达设计、环境设计等不同的设计领域。如果是产品设计，设计就不是指单纯的造型设计或美术设计，还要考虑一些艺术之外的因素，如市场因素、使用者因素和使用环境因素等。设计是一种综合的设计，包括造型设计、色彩设计、纹饰与肌理设计、技术设计、人机因素等等。

三、设计的社会作用

根据艺术的基本原理可以知道，纯艺术的社会作用一般包括四个方面：认识作用、教育作用、审美作用和娱乐作用。诗歌、小说、戏剧等文学作品都反映了一定历史时期里特定的社会生活，让人们能够认识到作品中所描绘的生活本质。例如，我们从古典名著《红楼梦》中，就可以了解到在我国封建社会由盛转衰的过程中所出现的各种生动而具体的生活场景，诸如封建官宦家庭的种种腐朽、没落、衰败以及大观园中所展现的封建社会里人与人之间种种复杂的关系。所以恩格斯就曾说过，他从巴尔扎克的《人间喜剧》里所学到的东西，比从当时所有职业的历史学家、经济学家和统计学家那里学到的全部东西还要多①。

文艺作品具有一定的思想倾向性。它是通过对现实生活的描绘来告诉读者什么是好的东西，什么东西应该肯定，什么东西应该否定。例如，《钢铁是怎样炼成的》这部名著，就对我国一代又一代青年产生过很大的思想影响和巨大的教育作用。文艺作品又具有审美作用，楚之骚、汉之赋、唐之诗、宋之词、元之曲以及宋元山水画等，都会给人一种美的享受。正如马克思所说，艺术能够创造出懂得艺术和能够欣赏美的大众②。

设计的社会作用主要有实用作用、经济作用、审美作用，其中实用作用、经济作用是纯艺术所没有的。设计既能够为社会、为人们创造出各种实用的物品，也能够对社会的经济发展起到举足轻重的作用；同时，设计还能够通过美的物品和美的环境，来美化人们的心灵，提高人们的素质，使人们从精神上、心理上获得极大的审美享受。就拿火车的造型来说，过去通常是深绿色的车厢、黑色的车轮，但随着地铁和各种旅游列车、快速列车的出现，火车单调的造型和色彩不见了，造型更加具有现代感，色彩也更加具有美感，从而给人一种全新的审美体验。

今天，美学研究越发重视日常生活的审美问题，设计美学的研究如火如荼，人们已经普遍认识到设计的价值以及它对我们生活的重要性了，现代生活是不能缺少设计的。现代科技的进步促进了设计的发展，设计又推动了生活的发展，提高了人们生活的质量，为人们创造出了更加美好的新生活。设计是一面镜子，从中可以折射出一个民族的文明程度和生活水平。

---

① 【德】马克思，【德】恩格斯著；陆梅林辑注.马克思恩格斯论文学与艺术 上 [M].北京：人民文学出版社,1982.07.
② 中共中央马克思恩格斯列宁斯大林著作编译局编：《马克思恩格斯选集》第2卷，北京：人民出版社，1972.05。

第二节 服用纺织品图案设计的构成

一、服用纺织品图案按照构成空间分类

（一）平面图案

平面图案有两层含义：从装饰纹样图案所依附的背景、基础的空间维度来讲，是以二维空间的平面物为主体；从表面效果来讲，是以平面形为主，追求平面化的二维装饰。平面图案侧重于构图、形象和色彩设计。

（二）立体图案

立体图案也有两层含义：从装饰纹样所依附的背景、基础的空间维度来讲，是以三维空间的立体物为主体；或者图案自身即是由立体物构成，如用面料做出的蝴蝶结、立体花、立体纹饰、纽扣等。此类立体图案主要通过材料的材质和制作工艺来实现。从表现效果来讲，是指服装图案具有立体效果，能够表现一定的空间感。

二、服用纺织品图案的构成基础

（一）独立式纹样

独立式纹样是指能够独立存在而又具有完整感的纹样。一般可以分为单独纹样、适合纹样、角隅纹样和边缘纹样四个类型。

1.单独纹样

单独纹样是可以自由处理外形、没有外轮廓制约的完整而独立的纹样。通常采用对称或平衡形式的构图，造型丰满，结构严谨。单独纹样可以再组织构成适合纹样、二方连续、四方连续等纹样形式。图案造型的基础训练从单独纹样开始，可采用写实、夸张、装饰等手法来处理，可以是一株植物、一个动物、一个人物或一个建筑，也可以是人物和植物、动物和人物等的组合形式（图3-2-1）。

图 3-2-1　单独纹样服饰

2.适合纹样

在一定外形内安排纹样，纹样的组织与造型必须与一定形状的外轮廓相吻合。这种结构形式称为适合纹样，如方形、圆形、三角形等适合纹样。适合纹样需形象完美，造型自然舒展，布局均匀，形式上常采用对称、均衡或旋转的排列组合（图 3-2-2）。

图 3-2-2　适合纹样服饰

3.角隅纹样

角隅纹样也叫边角纹样，用于修饰造型的一角、对角或四角。它具有一定的形状，但又不似适合纹样那样拘束，有一定的自由度（图 3-2-3）。

图 3-2-3　角隅纹样服饰

　　以上三种结构的独立式纹样都以独立成形为特点，注重纹样造型的完整性。纹样布局有主次有秩序，具有独立的审美特性。

　　4.边缘纹样

　　边缘纹样是适合于形体周边的一种纹样。边缘纹样可以作为装饰纹样单独使用，也可以与角隅纹样、连续纹样组合使用，是用来衬托中心纹样或独立的装饰纹样。基本骨格有对称和平衡两种。边缘纹样最广泛地应用见于清代女服的镶边工艺（图 3-2-4）。

图 3-2-4　边缘纹样服饰

（二）连续式纹样

连续式纹样的构图是指以一个单位纹（构成连续图案最基本的单元）作左右或上下两个方向的排列，或上下与左右同时四个方向反复排列的纹样。连续式纹样图案突出表现了形式美中的重复节奏。

1.二方连续

二方连续纹样是指运用一个或几个单位的装饰元素组成单位纹样，进行上下或左右等两个方向有条理的反复连续排列，形成带状连续形式，因此又称为带状纹样或花边。

二方连续可以使较小而简便的单位纹样发展成连续性很强的两个方向的反复循环的纹样，此类纹样容易取得和谐统一的效果（图3-2-5）。

图 3-2-5　二方连续纹样

从连续构成的方向上分，二方连续纹样主要可分为三种形式。

横式二方连续：用一个或数个单独纹样向左右连续。

纵式二方连续：用一个或数个单独纹样向上下连续。

斜向二方连续：用一个或数个单独纹样斜向连续。

从连续构成的骨格上分，二方连续纹样主要可分为以下九种类型。

（1）散点式

散点式二方连续是指一个或几个装饰元素以散点的形式组成一个单位纹样，按照一定的空间、距离、方向进行分散式的点状连续排列，之间没有明显的连接物或连接线的纹样形式。散点式二方连续纹样简洁、明快，但易显呆板、生硬。可以用两三个大小、繁简有别的单独纹样组成单位纹样，这样可以产生一定的节奏感和韵律感，装饰效果会更生动（图3-2-6、3-2-7）。

图 3-2-6　散点式二方连续纹样

图 3-2-7　散点式二方连续骨格

（2）直立式

直立式二方连续有明显的方向性，可做垂直向上、向下或上下交替的排列。直立式二方连续纹样给人肃穆、安静的感觉（图 3-2-8、图 3-2-9）。

图 3-2-8　直立式二方连续纹样

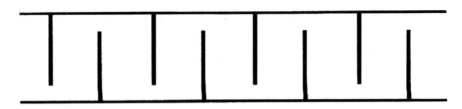

图 3-2-9　直立式二方连续骨格

（3）水平式

和直立式二方连续相对，水平式二方连续则指装饰元素或装饰单元以水平方向的形式排列。水平式二方连续纹样给人平静、安详的感觉（图 3-2-10、3-2-11）。

图 3-2-10　水平式二方连续纹样

图 3-2-11　水平式二方连续骨格

（4）折线式

折线式二方连续是指由一个或几个装饰元素组成一个单位纹样，以折线为骨格，按照一定的空间、距离或方向进行连续排列，从而形成折线状的纹样形式（图 3-2-12、图 3-2-13）。

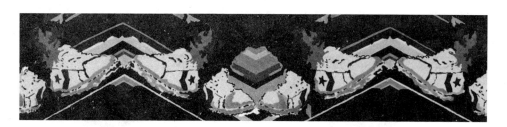

图 3-2-12　折线式二方连续纹样

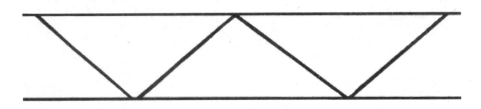

图 3-2-12　折线式二方连续骨格

（5）波状式

波状式二方连续是指由一个或几个装饰元素组成一个单位纹样，以波状曲线为骨格，按照一定的空间、距离或方向进行连续排列，形成波浪式的纹样形式。波状式可以分为单波式、交波式（两条波状线骨格相交缠绕）、重波式（两条波状线骨格并行发展）、断波式（多个单位纹样构成的波状起伏）和变波式（波状线骨格的起伏有一定的变化，但总体仍然呈起伏状态），可同向排列，也可反向排列。波状式二方连续纹样具有明显地向前推进的运动效果，连绵起伏，柔和顺畅，节奏起伏明显，动感较强。波状式二方连续是众多二方连续形式中较优美的一种形式（图 3-2-13 至图 3-2-18）。

图 3-2-13　单波式二方连续纹样

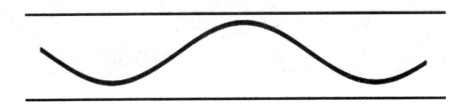

图 3-2-14　单波式二方连续骨格

图 3-2-15 交波式二方连续纹样

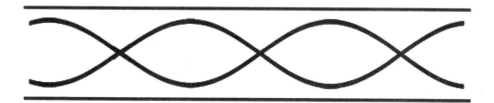

图 3-2-16 交波式二方连续骨格

图 3-2-17 断波式二方连续纹样

图 3-2-18 断波式二方连续骨格

（6）旋转式

旋转式二方连续是指以旋转的曲线或环形为骨格画出的单位纹样，以一定的空间、距离或方向进行连续排列的纹样形式。旋转式的二方连续可以看作是散点式的二方连续，因为整体上是做点状分布排列，只不过其单位纹样本身是旋转的曲线或环形的（图 3-2-19）。

图 3-2-19　旋转式二方连续纹样

（7）一整二破式

一整二破式的二方连续是指装饰元素由一个完整形和上下或者左右各有一个半破形组成一个单位纹样，然后按照一定的空间、距离或方向进行连续排列的纹样形式（图 3-2-20、3-2-21）。

图 3-2-20　一整二破式二方连续纹样

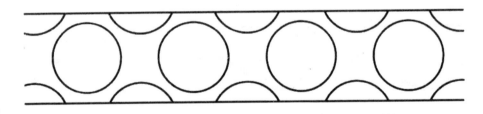

图 3-2-21　一整二破式二方连续骨格

（8）几何式

几何式二方连续是以方形、圆形、菱形等几何形为基本骨格和主要形象特征的二方连续。

（9）综合式

以上骨格形式相互配用，巧妙结合，取长补短，可产生风格多样、变化丰富的二方连续纹样，即两种以上的装饰元素或单位纹样相互结合，以上述一种骨格形式为主，另一种起衬托作用，达到主题突出、层次清楚、构图丰富的目的（图3-2-22）。

图 3-2-22　综合式二方连续纹样

从二方连续的骨格结构中我们可以看出，无论是点、圆、长线、短线，最终汇集而成的都是带状的群线。群线的组合可聚集可分散，可交叉可循环，这样才可以无限反复排列，形成带状图案。线的魅力在于不论直线还是曲线都能给人的心理带来强烈的反应。直线的干脆利落、曲线的波澜起伏，都给人们带来视觉上的享受。

2.四方连续

四方连续是一个单位纹样同时向上下和左右四个方向反复有规律地循环排列形成的图案构成形式。这种连续的形式给人反复统一的美感，体现的是形式美的节奏与韵律，是花布的设计形式。

四方连续图案单位纹样之间连接的方法被称为接版。四方连续的接版方式一般有平接和错接。

平接：又称对接，单位纹样上与下、左与右相接，使整个单位纹在水平与垂直方向反复延伸（图3-2-23）。

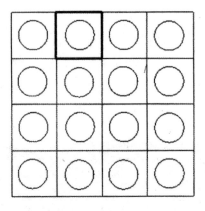

图 3-2-23　平接

错接：又称跳接，单位纹样上与下垂直对接，左与右对接时上下有规律地错位，使左上与右下对接，右上与左下对接。设计中常用的是错位 1/2，也有错位 1/3 的（图 3-2-24）。

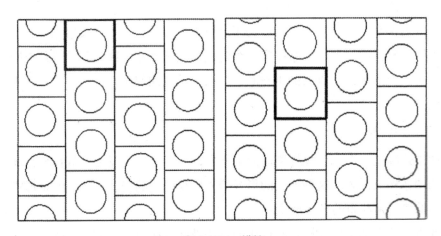

图 3-2-24　错接

平接版与错接版相比，平接的形式比较规矩，错接的形式则更自由活泼一些。

四方连续的接版是指单位纹样与单位纹样的连接关系，而单位纹样的设计又涉及图案的排列，四方连续图案的排列是指单位纹样平面空间内图案的布局，它的基本骨架有以下几种。

（1）散点式

散点式四方连续是以一个或几个纹样分散排列，组成单位纹样，再规则排列单位纹样所形成的四方连续。单位纹样之间的连接可以是平接，也可以是错接。

　　散点的排列形式是四方连续中最富有变化的形式。一个单位纹样中，可以有一个或多个纹样，可以变化造型、数量、大小、位置、方向、色彩等因素，布局可以单纯，也可以繁复，根据设计的需要而定。

　　单位纹样的排列可以分为规则的排列与不规则的排列两种。

　　规则排列是指在单位纹样内，等距离划分区域，纹样有规律地布局在规定的位置，单位纹样中纹样的数量不同，布局也不同，有一点、两点、三点、四点等。点越多，变化越多，排列越复杂。

　　这种规律性的布局可以使纹样循环以后布局均匀，避免直条等空档。规律的排列一般用于清地的纹样设计（图 3-2-25 至图 3-2-30）。

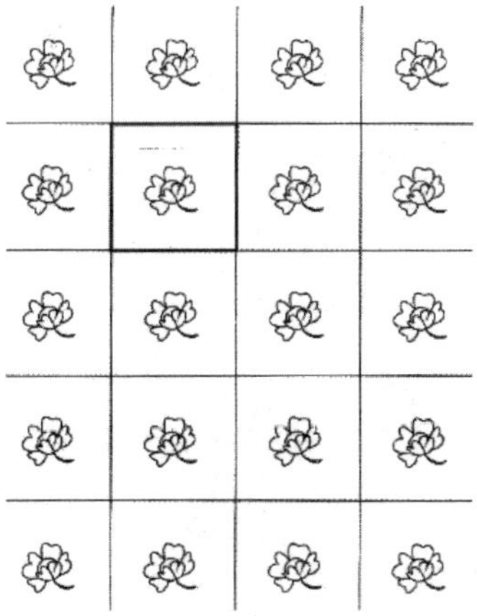

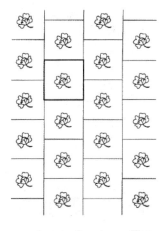

图 3-2-25　一点平接

图 3-2-26　一点 1/2 错接

图 3-2-27　二点平接

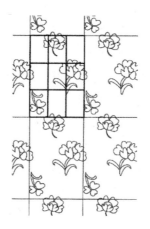

图 3-2-28　三点平接

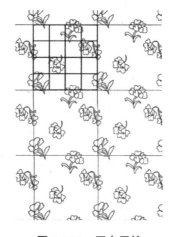

图 3-2-29　四点平接

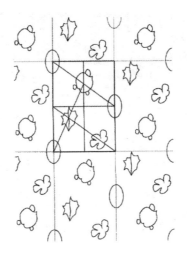

图 3-2-30　四点 1/2 错接

　　不规则排列是指单位纹样的图案布局没有位置的限制，可以自由构成。应先设计主要的花型——大花型，然后再穿插次要的小花型，注意单位纹样上下左右的连接要自然流畅，避免循环后的斜直空档。不规则排列主要用于满地的纹样设计（图 3-2-31、图 3-2-32）。

图 3-2-31　不规则排列 1/2 错接纹样

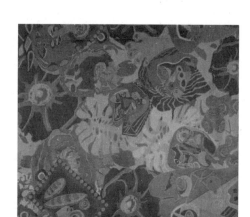

图 3-2-32　不规则排列的四方连续纹样

（2）条格式

条格式是指以各种不同大小的条子或格子进行组织排列的条式或格式的四方连续纹样（图 3-2-33）。

图 3-2-33　条格式四方连续纹样

（3）连缀式

连缀式是指单位纹样之间相互连续或穿插的四方连续形式，是以几何的骨架为基础，常见的骨架形式有菱形连缀、旋转连缀、波形连缀和梯形连缀（图 3-2-34—图 3-2-37）。连缀式是几何框架与纹样密切结合的形式，具有连绵不断、齐中有变的特征（图 3-2-38 至图 3-2-41）。

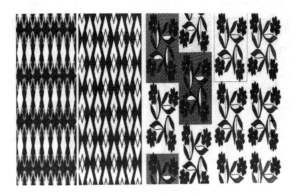

图 3-2-34　菱形连缀

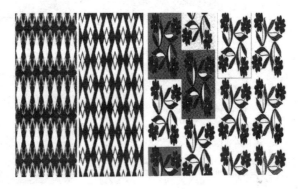

图 3-2-35　旋转连缀

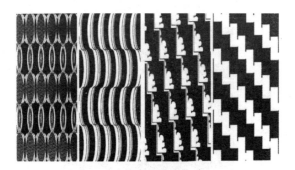

图 3-2-36　波形连缀

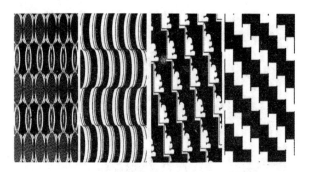

图 3-2-37　梯形连缀

图 3-2-38　波形连缀

图 3-2-39　菱形连缀

图 3-2-40　梯形连缀

图 3-2-41　旋转连缀

（4）重叠式

由两种或两种以上的不同骨格形式的四方连续形式组成的图案是重叠式四方连续图案（图 3-2-42）。

图 3-2-42　重叠式四方连续纹样

除此之外，四方连续图案在服用纺织品的应用中还有其他的排列形式，如迷彩纹样的肌理变化图案、几何框架内的嵌花和空间幻视纹样（图3-2-43）。

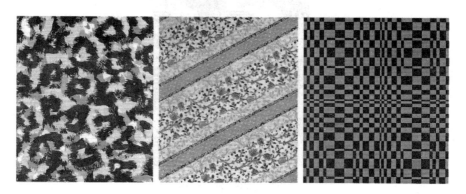

图3-2-43　迷彩纹样、条形框架内嵌花、幻视纹样

二、服用纺织品图案的构成形式

（一）服装匹料图案的构成设计

服装面料设计中，最常见的是四方连续图案，其次是整幅的二方连续图案。它们都可以整匹地生产，也可以称为服装匹料。连续式纹样在服装匹料上的变化运用非常常见，如裙料、衬衫料等的设计，特点是先设计图案，再设计服装款式。这种图案现如今被广泛应用。

1. 构成

连续构成是匹料图案的构成特点。其中，二方连续图案的应用是在规定的门幅内沿织物边设计，四方连续图案是在规定范围内循环，二者都必须按照一定的工艺尺寸要求。另外，将二方连续与四方连续相结合应用在匹料图案设计上也是常见的设计形式，如用四方连续设计主要纹样，二方连续图案应用在纺织品的边缘（图3-2-44）。这样的设计需要颜色和题材相对应。在实际生产中，由于色彩、造型、面料的不同，突显出构成形式的丰富性（图3-2-45）。

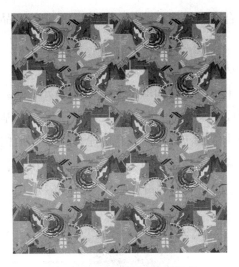

图 3-2-44 四方连续图案构成

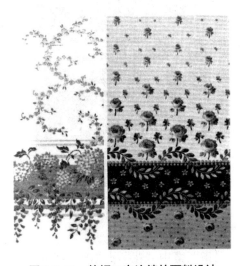

图 3-2-45 整幅二方连续的面料设计

2.布局

图案的布局是服用纺织品图案设计中一个重要的环节。根据花纹图案在整幅画面中所占面积的比例关系，我们可以基本将画面的布局归纳为满地构图布局、"地清花明"布局、散点排列布局、"花"与"地"适中的构图布局。根据图案的结构关系以及在服装服饰上的应用部位和装饰风格，构图可以分为单独图案布局、连续图案布局和适合图案布局。一般来说，单独图案的布局比较随意和常见，一般多应用于 T 恤、帽子、手套、背包等服饰品上；连续图案一般应用在袖口、裙子的边缘作装饰,适合图案一般在头巾、丝巾、手帕等产品设计上居多。具体的图案布局方式如下。

(1)满地构图布局

满地布局指图案中花占据画面的整个或绝大部分空间。这种构图布局是比较常见的布局形式,画面图案元素一般排列比较紧凑密集,基本只露出较少的背景底色,甚至花纹排列非常满,将背景底色完全遮盖。满地构图的布局可以产生丰富华丽的艺术效果。满地布局的构图关系比较常见,在女装和童装面料中应用广泛,尤其多出现在裙装印花面料的设计中(图3-2-46)。

图 3-2-46　满地构图布局

(2)"地清花明"的构图布局

"地清花明"的布局指图案中"花"占据画面空间的比例较少,即图案以外,画面中的"地"空间较大。这种图案布局的特点就是"花"和"地"关系比较分明,画面疏朗,"花"与"地"的关系一目了然。这种"花"与"地"关系非常明确的构图布局,对基本单元图案的造型以及画面构图布局要求较高(图3-2-47)。

图 3-2-47　"地清花明"构图布局

（3）"花"与"地"适中的构图布局

"花"与"地"适中的构图布局也称混地布局。混地布局是一种比较折中的构图布局方式，图案中"花"与"地"占据空间比例大致相等。这种布局看起来比例适中，画面效果富于变化，所以应用也比较广泛（图 3-2-48）。

图 3-2-48　"花"与"地"适中构图布局

（4）散点排列的构图布局

散点连续布局分为有规律的散点布局和无规律的散点布局两类。散点布局在服饰面料中应用广泛，画面构图灵活自如，花纹尺度可大可小，花纹间距可疏可密。在基本循环单位内，其可以是一个基本形元素进行循环，也可根据画面需要放置数个不同的元素，以成组的基本形式进行循环，花纹的布局可以十分随意。散点布局主要有两种形式：

①有规律的散点排列。常用的散点元素大多为花朵、动物、几何形等，有规律的散点排列使画面产生强烈秩序感，要求色彩协调，构图舒朗有致（图3-2-49）。

图 3-2-49　有规律的散点构图布局

②自由散点排列。自由排列的散点构图方式，与有规律的、整齐散点排列相比，更富有动感和节奏。特别是通过改的比例大小，以多个元素成组进行排列。不同大小的花与花骨朵成组排列，形成很随意的效果，使画面更显生动自然（图 3-2-50）。

图 3-2-50　自由散点排列构图布局

（5）簇状构图布局

在基本单元图案中只安排一个基本纹样元素会显得单调，初学者需要学习尝试在每个基本循环单位构图中放入 3—6 个不同的元素，这就是簇状布局构图。画面中基本单元母题元素按组排列，有主有次，按照主次关系排列组合。簇状结构的排列使画面疏密有致，虚实对比，画面丰富，富有变化，节奏层次感强（图 3-2-51）。

图 3-2-51　簇状构图布局图案

（6）藤蔓连续构图布局

藤蔓连续构图布局是一种非常自如流畅的构图形成，花与叶以枝干为骨架填充画面空间，花枝与花朵相互穿插布局。波状富有动感的 S 形曲线作为画面的骨格，画面效果灵动，节奏感强（图 3-2-52）。

图 3-2-52　藤蔓连续构图布局图案

中国自唐代开始一直盛行的缠枝花图案，是典型的藤蔓构图布局。印度印花布图案、波斯图案也大多以藤蔓构图布局为主，繁缛华丽。

（二）服装件料图案的构成设计

件料图案是针对某一款式专门进行的图案设计，讲究图案在成品后的整体布局，是在服饰结构设计的基础上，根据装饰部位的需要而设计的图案，图案的大小排列受限于款式的部位。这种图案设计的构成还包括了服装整体的图案构图设计，所以就不能仅从纹样本身来考虑，还要考虑到服装、服饰配件的整体造型、装饰部位。

1.单独型件料的设计

单独型件料的设计一般画幅较大，图案能独立成章，有完整的构图。这类设计要考虑到整体的造型、大小、位置、方向、色彩等方面的呼应与协调，比如方巾的图案设计（图 3-2-53），针对服装款式的图案整体设计等（图 3-2-54）。

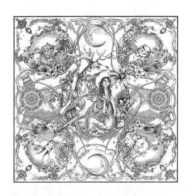

图 3-2-53　方巾的图案设计

图 3-2-54　针对服装款式的图案整体设计

2.针对服装部位的图案设计

①单独纹样的设计。服装上的单独纹样一般用在前胸、后背、两肩、膝盖、袋口等部位，强调图案美的外形刻画，具有造型醒目突出的特点，与连续纹样相比，更具独立性与完整性（图 3-2-55）。有时与二方连续、角隅纹样配合，形成整体的服用纺织品图案设计，如 T 恤的图案设计。这种纹样整体上可以分为对称与不对称两种类型。

图 3-2-55　用于边角装饰的绣片

②边缘连续的设计。边缘连续是一种带状的秩序感较强的纹样形式，服饰中一般用在门襟、领口、下摆、袖口等处，是服饰中常见的图案形式（图 3-2-56）。

图 3-2-56　传统服饰上的边饰

3.整体配套的图案设计

通过图案的整体设计，使搭配在一起的服装与服饰成为有联系的一个整体，比如上衣和下装的图案设计配套，帽子、手套、围巾的图案设计配套，情侣服装的图案设计配套等。这种配套的设计通过图案的造型、色彩、排列、表现手法等因素的关联而形成（图 3-2-57）。

图 3-2-57　服装的配套图案设计

三、服用纺织品图案的构图技巧

（一）正负形的巧妙应用

图形设计中形体和空间是相辅相成、互不可分的。二维平面空间中空间与形体的基本形通过一定的形和轮廓边界得以体现。我们将形体本身称为正形，也称为图；将其周围的空白称为负形，也称为底。在平面空间中，正形与负形相互作用，一般情况下，正形是向前的，而负形则是后退的。形成正负形的因素有很多。在图形创作中，我们习惯把精力花在正形的刻画上，而容易忽略了负形。事实上，负形也起着至关重要的作用。如果负形过于琐碎会削弱正形的完整性。画面中出现的任何元素都是一个整体，"经营"好画面的完整性，才能完成一幅构图完美的画面。

在构图设计中，要学会审视和处理好正负形的关系，处理正负形的常见手法有：

1.图形的边线共用

当正形与负形相互借用图形的边线时，我们称之为边线共用。因为共用边线，所以正负图形各不相让。正是由于这种抗衡与矛盾的关系，使图形得到了艺术化的处理和巧妙的装饰效果（图 3-2-58 ）。

图 3-2-58　边线共用形成的图案

2.图形的图底反转

图底反转一般以几何抽象形为主，图与底存在一种从对比、衬托之中产生出来的视觉关系。我们在体会到这种视觉效果时，更感受到一种隐藏在图形中的奇妙智慧。通过巧妙运用结构线和色彩搭配，图与底可以转换，互为图形，如图3-2-59 所示。

图 3-2-59　图底反转形成的图案

（二）改变母题元素的比例

同一设计母题，改变大小尺度在画面中进行重新排列组合，可以获得不同的视觉效果。计算机辅助设计为图案创作提供了更多的可能性，设计师完成基本元素之后，通过改变比例大小、角度等对基本元素进行重新排列，按自己的想法对母题元素进行各种变化设计。改变同一母题元素的方式可以多样化。

1.同一构图的尺度比例变化

在一幅图案设计画面中，为了避免画面的单调乏味，增加画面的层次感和细节，对同一个母题元素，仅仅改变元素的比例大小、角度、色彩，就可以营造画面的层次感（图3-2-60）。

图3-2-60　同一母题元素在构图中尺度变化

2.不同画面构图中的尺度比例变化

设计师通常完成一幅图案作品后，通过改变比例大小、色调，来完成一个系列化的图案设计。例如，将一幅图案作品在尺度比例上稍加改变，应用在不同的产品设计上，可以产生较强的系列感（图3-2-61）。这也是一种比较经济的产品开发方式。

图 3-2-61　波点图案改变比例大小应用在女装上

3.比例尺度变化与画面风格

随着时代的变化，服用纺织品图案的设计风格和审美发生了巨大的变化。20世纪 80 年代，在审美上会特别考量服装和纺织图案的造型、表现技法。而现在，就服用纺织品图案的设计来说，色彩一般是首要因素，而造型、比例尺度、元素搭配以及表现技法会更随意。同一元素，仅仅是比例缩小或扩大，视觉效果会完全不同。这也是时代变化和流行趋势带来的审美变化。

不同于家居和室内纺织品设计，对服饰面料设计而言，以植物或动物主题为例，有时，同一元素的比例尺度具有神奇的力量。采用不同的比例进行排列布局，同一元素在画面风格和视觉效果上有时会产生非同寻常的效果。如图 3-2-62 所示，将建筑图案缩小比例，进行密集的排列构图，产生一种简约时尚的装饰格调。

图 3-2-62   建筑图案缩小比例重复排列构图

四、服用纺织品图案构成的空间关系

服用纺织品图案的空间构成是指图案的视觉空间层次的组织关系，是服用纺织品图案构成的重要方面。从空间因素的角度讲，"花"是有形的，"地"是被"花"占据后所剩的空间。由于"花"的存在，"地"也显示出一定的形状。我们通常把"花"的形称为正形，而将"地"的形称为负形。从视觉因素的角度来讲，"花"有时可能成为"地"，而"地"也可能成为"花"，形成正负形的换位现象。这种现象使图案的空间层次出现了复杂的关系。无论构成形式如何，图案都存在"花"与"地"的空间关系，从视觉空间的角度通常可以有以下几个类型。

（一）平面空间构成

平面空间构成是指图案视觉空间上的扁平，无厚度、深度、远近、前后的关系。它具体表现为平面化的造型、均匀的设色、平铺而无重叠地排列，"花"与"地"的关系比较明确，是清地图案常用的空间关系（图3-2-63）。

图 3-2-63　平面空间的图案设计

（二）立体空间构成

这里的立体空间构成是指视觉上可以感受得到的立体、深度与层次的空间效果。写实的造型、虚实的表现手法、排列上的层叠等都是立体空间形成的途径。这种空间构成使图案具有更加丰富、真实、自然的视觉效果，是多层次满地图案的常用空间构成方式（图 3-2-64）。

图 3-2-64　立体空间的图案设计

（三）模糊空间构成

模糊空间构成是指图案"花"与"地"的空间关系不明确，"花"有时看起来像"地"，"地"有时看起来像"花"，从而形成神奇的空间视觉效果（图3-2-65）。

图 3-2-65　模糊空间构成

五、定位图案设计

定位图案与重复循环图案不同。定位图案是服装局部装饰印花，将图案精确印制或刺绣在服装或服饰产品的某个部位，常见于 T 恤、外套的设计。以 T 恤图案设计为例，图案一般会印制在前胸或肩部等特定的位置。定位图案设计在童装上应用也非常广泛（图 3-2-66）。

对于局部定位印花，设计师在产品下单生产之前一定要明确图案的尺寸和位置，以 1∶1 尺寸大小打印出来放置在成衣上比对，确定具体位置以及在服装上呈现的色彩效果。

图 3-2-66　定位印花童装图案设计

第三节　服用纺织品图案设计的造型

一、服用纺织品图案的形态特征

（一）写实造型与装饰造型

从设计的角度讲，写实造型与装饰造型都是图案的造型形式，都是满足审美需求的。由于形态性质的差异，在应用方向上有不同的侧重。写实造型是相对客观地再现物象的自然形态。由于工艺技术的发展，有的写实甚至可以再现图片。装饰造型是主观的造型，有一定的客观来源，是经过概括、提炼、想象、夸张等手法的处理，以艺术的语言表达出来的造型形式。总体来说，写实的造型是具象造型，装饰造型相对抽象，有的造型是兼具这两方面的特征，也可称为意象造型。

（二）形态特征

这里讲的形态特征主要是指图案主观形式化表现的一些特征。不同的设计需求，形态表现的侧重点也不同。

1.单纯化特征

服用纺织品图案的形态具有单纯化的特征，是运用提炼、归纳、概括的艺术手法塑造的艺术形象特征。单纯化的形态追求形象神态、动态的总体效果，以少而精的形式表现达到传神的效果。单纯化的造型形象简洁明确，给人清新的视觉印象。

2.装饰化特征

服用纺织品图案的形态具有主观装饰化的特征，是运用变形美化、添加丰富、夸张提炼等艺术手法塑造的形象特征。装饰化的形态内容丰富，形式多样，富有情趣，是理念化的主观形态，如火腿纹、宝相花纹等就是典型的装饰化纹样。

3.秩序化特征

秩序化是服用纺织品图案形态的特征之一。这种特征主要表现在组合造型的形态中，如传统的规矩纹，以相同或相似形有规律地排列组合，形成了具有秩序感的形态。

二、服用纺织品图案的造型设计

（一）具象的图案设计

所谓具象主要指图案造型来源于某个具体的物象，比如自然界中的云水山石、鸟兽鱼虫、花草瓜果等，人造的亭台楼阁、物件摆设等。这些作为图案的题材，在图案的设计过程中被单纯化、装饰化，或是秩序化，成为美化服饰的图案。以下介绍几种常见的图案造型手法。

1.归纳

归纳是提炼概括的手法，指去掉琐碎的细节，保留最有特征的部分。这种归纳可以是整体的概括，也可以是局部的提炼与概括。归纳处理的造型因最终效果的不同，又可以分为写实归纳与夸张归纳（图3-3-1）。

写实归纳：通过对形态的概括提炼，造型仍然比较接近自然形态的，称写实归纳，图案的写实归纳与照相的写实有很大的区别。

夸张归纳：对特征部分进行夸大的设计，使特征更加明显。如造型方的就夸张得更方，圆的就夸张得更圆。与漫画的夸张手法相比，图案造型的夸张是一种美化的夸张。

图 3-3-1　写实归纳和夸张归纳

2.添加

添加是造型装饰化的一种常见手法。有同一素材的添加与不同素材的添加。以一个花型单位为例，添加相适应的素材，向外使其"节外生枝"，向内使其"枝中有节"。这种方法要求添加的部位要恰到好处，要自然而美观。另一种方法是在装饰形的内部或形与形之间的空隙填充装饰花型。客观具象的形态通过主观的形的处理，运用添加的手法可以创造出丰富的装饰形象（图 3-3-2），如佩兹利纹样中典型的松果纹，保留松果的外形特征，内部添加变化丰富的纹样，成为经典的纹样形式，并且还在不断地创新发展中。

图 3-3-2　添加造型的装饰纹样

3.组合

组合是一种主观的形式设计方法，是由单个相同的形、相似的形，或是相关联的物象形态有规律或非规律性地组合。组合造型手法在具象形的图案设计中可以有以下方法。

①共用组合，是指多个造型重叠而形成一个新形象（图3-3-3）。

图 3-3-3　共用组合

②求全组合，把不同时间、空间中的物象组合在一个画面里达到主观寓意上的完整性，比如日月同辉纹样、四季花卉纹样、莲花莲蓬莲藕的组合纹样等（图3-3-4）。

图 3-3-4　求全组合

③分解组合：先打散再重新组合的方法。这种方法有两个步骤，首先是分解，分解可以是机械的切割分解，也可以是物象结构的分解。分解之后重新组合，组合可以形成一个新的形象，也可以是原来的物象（图 3-3-5）。

图 3-3-5　分解组合

④象征性组合：这种组合是纹样象征性寓意的需要，如五只蝙蝠与"寿"字的组合，取"五福捧寿"之意。这种组合的方式在吉祥纹样中比较常见，而且形成了很多固定的组合形式（图 3-3-6）。

图 3-3-6　象征性组合

⑤联想组合，由一个形象联想到另一个形象，在形的塑造上可以既像这个又像那个，具有两个形象的特征（图3-3-7）。

图 3-3-7　联想组合

（二）抽象的图案设计

1.几何图案的设计

以点、线、面等几何形态作为造型元素，进行几何形态的各种变化形成的抽象图案（图3-3-8）。

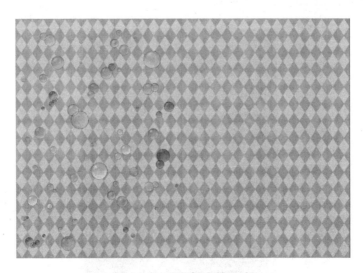

图 3-3-8　几何图案的设计

2.肌理图案的设计

通常运用一定的技法，或者用计算机图形处理技术来表现。有时表现具有一定的偶然性，设计师把握的是整体效果。这种图案的设计也依赖于印染技术，比如扎染的大理石纹、蜡染的冰裂纹等肌理效果（图3-3-9）。

图 3-3-9　肌理图案的设计

（三）流行元素的图案设计

这种流行元素来自社会文化发展的各个方面，常见有插画形式的图案、卡通造型的图案、涂鸦形式的图案等。这些图案都与时代的发展、流行的文化有关。服装是具有流行性特征的。这种流行的特征也表现在服饰的图案中，如现代图形设计的处理手法在服用纺织品图案中的运用，照相技术、图片处理技术对服用纺织品图案形式的创新。当然这些创新也依赖于现代服用纺织品图案的工艺手段的发展，比如数码印花技术为照片形式的图案提供了技术上的支持。流行元素的图案造型不一定是非传统的，但一定要是时尚的，是时代审美的体现。

三、服用纺织品图案造型设计的方法

将图案应用于服装面料和服装成衣上，并非把物象的写实状态直接应用，而是运用一些艺术手段对物象进行提炼与艺术加工，创作出各类抽象的、具象的图案形式。

（一）提炼法

在面料与图案的结合上，将提炼出图案的形式在服装局部上加以运用，在不失去自然形象特征的前提下，使图案形式与服装结构协调统一，以归纳、去繁求简的手法使图案物象在服装上表现出更加单纯、生动的效果。

（二）夸张法

服用纺织品图案设计的夸张处理可以增强艺术效果。通过对图案形象的外形、特征、组成结构等进行适度的强化、突出，抓住形象的典型特点，夸大所使用的设计方法。夸张设计的效果具有更加强烈的吸引力与感染力。

（三）添加法

运用添加的手法进行图案造型，实则就是将一些本身关联或无法关联的纹样搭配在一起。这样就丰富了纹样的造型形态，增强了纹样的装饰性，不仅可以使图案表达出更多的含义，还能让图案造型更加丰富、美观。

（四）透叠法

在服用纺织品面料图案设计中，通过两种或两种以上的形态整体或局部的重叠，前面的形态可做透明体处理，即透过前面的形态看到后面的形、线、色。前后结合，形成第三种新的形态。新的形态加强和丰富了画面，充实了图案的表现力。

（五）重复和连续法

服用纺织品图案并不是孤立存在的单独纹样，绝大部分图案实际上是由一个或多个小单元图案组成的。有规律性地多次运用单元图案，可以达到丰富的表现效果。这种表现手法就是重复与连续。

（六）拟人和拟物法

在服用纺织品图案设计中还常常运用图案的拟人和拟物手法。拟人就是把物象的特征进行人为改变，把没有感情和思想的物象变得具备只有人才具有的行为能力，比如加入表情、动作等。拟物就是将某物或文字做成另一物态的方式。在图案设计中，拟物有两种具体形式：把人当作物来表现、把甲物当作乙物来表现。丰富的表现手法也大大丰富了图案的样貌。

（七）比喻与象征手法

服用纺织品图案设计中还常常运用比喻与象征的图案表现手法，就是将含有相似特点的两个图像进行相互替换（一般是用具象物象表现抽象物象），或者将具有吉祥寓意的纹样结合到一起的表现方法。以图案寓意表现故事性，彰显个性与时尚特点。

（八）图形巧合法

图案的外形或造型恰好与某种物象相合或相同，产生特殊的视觉效果，使符合某种规则的图形产生秩序感，新图形产生新含义进而引发情感与趣味性。格式塔心理学认为，在外部事物的存在形式、人的视知觉组织活动和人的情感以及视觉艺术形式之间有一种对应关系，通过几种不同领域的力的作用达到结构上的一致时，便会激起图形巧合带来的审美经验。在服用纺织品图案设计中常以这种方式表达设计创意。

（九）强调（加强）法

对创作素材固有的特性（如动物特有的动态、神态，植物花草的生长态势，建筑物的结构特点等）进行强调与突出表现。这种强调是图案造型设计常用的手法之一。在服用纺织品图案创作时，还会因为加强夸张效果而利用材料丰富图案表达，以材料美感使突出部位更具特有的风格图案，加强表现力与视觉效果。

（十）双关法

双关法是一种寓意手法，利用物象的多义和同音的条件，有意使图案具有双重意义，言在此而意在彼。双关可使图案表达得含蓄、幽默，而且能加深寓意，给人以深刻印象。双关分为两种：意义双关、谐音双关。

（十一）形态渐变

渐变的形式在日常生活中随处可见，是一种很普遍的视觉形象。图案的基本形态不受自然规律限制，可以从甲变成乙，再从乙变成丙，每一个形象都可以从完整变成残缺，由简单变复杂，由具象变为抽象，即渐变成其他任何形象，如将河里的鱼变成空中的鸟，将圆形变成三角形等。对图形的形状、方向、位置、大小、色彩、虚实等都可以进行渐变，渐变的形式给人很强的节奏感和审美情趣。

也可以利用绘画中透视的原理，将物体做近大远小的变化，比如公路两边的电线杆、树木、延伸至远方的铁轨枕木等。许多自然现象都充满了渐变的形式特点，由此形成许多有趣的画面。服用纺织品图案多有以渐变为设计形态的设计表达。

第四节　服用纺织品图案设计的表现

一、服用纺织品图案设计的技法表现

（一）常用的点、线、面表现技法

1.点的表现

图案中的点与几何学中的点是有区别的。图案中的点是视觉化的形象，单点有形状、有大小、有位置，集合点有疏密变化，有规则或不规则的排列，还有各种渐变的组合形式等。作为一种表现技法，点有活泼、跳跃的特点，运用时可以独立造型，也可以用于装饰点缀。

①单点：指独立的、有明显视觉形象的点。纺织品图案中圆点用得比较多，可以起到补白、点缀的作用，使画面静中有动（图3-4-1）。

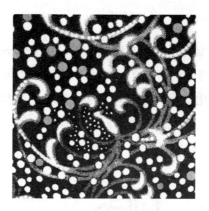

图 3-4-1　单点的表现

　　②集合点：包括泥地点、雪花点、组合点等。这些点通过排列、聚散的形式变化，可以用来表现线和面，表现起伏和渐变的效果（图 3-4-2、3-4-3）。

图 3-4-2　集合点的表现

图 3-4-3　点的色彩表现

2.线的表现

线是图案的重要造型要素，图案中线的表现也是形式多样。单线有粗细、长短、曲直的变化，集合线有疏密、有规则或不规则的排列，还可以有粗细的渐变、方向的渐变等组合的变化。线的造型与个性表现受到工具以及工具运用方法的影响，如毛笔，用笔正、侧、顺、逆等的不同，线的效果也会不同。线可以用来造型，也可以用来装饰（图3-4-4、3-4-5）。

图3-4-4　线的表现

图3-4-5　线的色彩表现

3.面的表现

表现技法中的点、线、面是相对而言的，点有大小，大到一定程度就是面，线有长短、宽窄，宽到一定程度也会产生面的感觉。最基本的面的表现技法是平涂面，就是设色均匀的面（图3-4-6、3-4-7）。

图 3-4-6　面的表现

图 3-4-7　面的色彩表现

4.点、线、面结合的表现

在实际的技法表现过程中，点、线、面的运用并不是孤立的，更多的时候是点、线、面的结合使用（图 3-4-8）。尤其在纺织品面料图案设计中，以平面做底，综合各种技法的表现是较为常见的（图 3-4-9）。

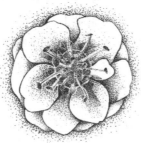

图 3-4-8　点、线、面结合的表现

图 3-4-9 点、线、面结合的色彩表现

（二）服用纺织品图案工艺表现技法

1.渍染法

渍染是用颜料在纸上做出斑渍、渗化、渲染效果的表现技法。这种技法的效果与所用颜料和纸张有很大关系。一般水彩与水彩纸的效果较好。有的效果与我们的操作程序也有关系，比如，在水彩纸上刷上饱含水的色彩，然后在湿润的状态下，用清水滴在上面出现的效果与先刷水再滴上颜料的效果是不一样的。有的还会在色彩水润时撒上盐，又是一种效果。盐化开的效果与颜料和纸张有关，不同的水彩颜料效果也不同，所以渍染效果的把握，需要通过我们的实践来积累经验（图 3-4-10）。

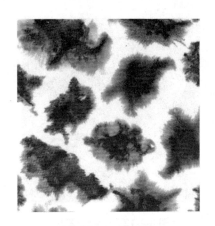

图 3-4-10　渍染法

2.晕染法

晕染是用相同或者不同的色彩通过水的稀释推晕而产生的过渡自然的色彩表现方法。相对于平涂的表现，它是一种湿画法。平涂要求设色均匀，晕染追求过渡自然，形态含蓄而富有意境。不同的颜料会有不同的晕染效果，一般水彩的推晕效果更自然（图 3-4-11），推晕时水分的把握也是影响效果的重要因素。晕染也可用干画法（图 3-4-12）。

图 3-4-11　湿画法晕染

图 3-4-12　干画法晕染

3.拼贴（接）法

拼贴（接）是指挑选具有一定肌理、色彩的图片或实物等，按照图案要求组合构成奇妙的效果。拼贴的图案要转化成服装面料上的图案，一般还要经过电脑的处理。我们常见的拼布图案是运用面料进行拼接，通过一定的缝纫工艺来实现的。拼布风格的印花图案就是来源于拼布（图 3-4-13）。

图 3-4-13　拼布图案包

4.印染法

印染法是水彩画的特殊技法，用不同的软材料（如麻布、揉皱的纸等）蘸上颜色，在白纸或湿的色层上印、按、拍、擦，以产生特殊的效果。它是一种加工方式，也是染色、印花、洗水等的总称（图 3-4-14）。

图 3-4-14 印染法

5.扎染法

扎染法是用线把织物扎起来，或者把织物缝成一定的绉壁抽紧，钉牢后入染。扎点的疏密、捆绕的顺逆方向、用力的轻重、坯布的差异、煮染的时间长短，都可以产生不同的效果。纹理千姿百态，色晕若明若暗若隐若现，其色彩含蓄、自然、古朴而庄重（图 3-4-15）。

图 3-4-15 扎染法

6.蜡染法

指将面料通过扎染的工艺扎好后投入热的蜡液中浸蜡，取出，待蜡凝固后解开扎线。由于面料被扎染，里面部分没有上蜡，所以可以用低温上染料，得到既有扎染效果又有蜡染风格的花纹。也可以用蜡刀蘸熔蜡绘图案于布后以蓝靛浸染，既染去蜡，布面就呈现出蓝底白花或白底蓝花的多种图案（图 3-4-16）。

图 3-4-16　蜡染法

7.刺绣法

刺绣是针线在织物上绣制的各种装饰图案的总称，就是用针将丝线或其他纤维以一定图案和色彩在绣料上穿刺，以缝迹构成花纹的装饰织物。它是用针和线把设计和制作添加在任何存在的织物上的一种艺术（图 3-4-17）。

图 3-4-17　刺绣法

8.剪纸法

剪纸是一种镂空艺术，其在视觉上给人以透空的感觉和艺术享受。其载体可以是纸张、金银箔、树皮、树叶、布、皮、革等片状材料。剪纸在中国农村历史悠久，是流传很广的一种民间艺术形式，就是用剪刀将纸剪成各种各样的图案，如窗花、门笺、墙花、顶棚花、灯花等（图3-4-18）。

图 3-4-18　剪纸法

（三）服用纺织品图案特殊表现技法

1.喷绘法

喷绘是用一定的工具将颜料喷洒在画面上。因工具的不同，操作的角度、力度的不同，呈现的效果就不同。喷绘的点可粗可细，色彩可浓可淡；可整体喷绘，也可局部控制；可以制作出柔和细腻均匀的效果，也可以制作出自如奔放的效果（图3-4-19、3-4-20）。喷笔绘色需要在画稿上覆盖住不需要喷色的地方，所以喷绘之前要做镂空的刻板，一套色一个板，在需要喷色的地方镂空。

图 3-4-19　底色喷绘

图 3-4-20　花卉喷绘

2.拓印法

拓印是指用表面有凹凸肌理的物体，蘸上颜色后拓印，物体上的肌理纹路就拓印到纸上，与盖图章的原理一致（图 3-4-21）。拓印的肌理效果质朴、自然生动，也是纺织品图案常用的表现手法之一。

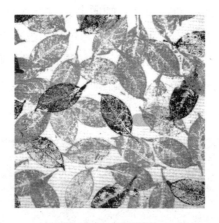

图 3-4-21　拓印法

3.防染法

防染是指先用油质（如油画棒）或其他能阻碍颜料与纸面结合的物质作为防染剂绘在纸上，然后再上色，用了防染材料的地方色彩就上不去，形成一些特殊的效果（图 3-4-22）。

图 3-4-22　防染法

4.吹墨法

吹墨画又叫吹画，是将墨汁或某种颜色的颜料蘸在纸上，用嘴吹来代替画笔作画，一般线条都是用吸管来吹墨珠。首先要有一张纸，能让色彩在上面流动；然后是液体的颜料，或者将颜料调制成液体，滴在或泼在画纸上，用嘴或其他工具吹动颜料，使之产生流动，变化出造型奇特的画面，可以产生意想不到的效果（图 3-4-23）。

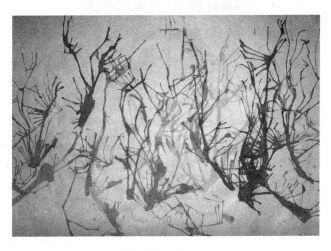

图 3-4-23　吹墨法

5.撒盐法

撒盐法是水彩画的特殊技法，趁上了色的画纸未干时，在上面撒盐，盐融化时会将颜色化开，干后产生雪花状的肌理（图 3-4-24）。画面的颜色越深，所产生的效果越强，一般用于表现无规律的复杂琐碎的自然肌理花纹。此法使用时颜色里的水分要充盈，这样才能使盐的颗粒融化，吸附颜色，形成变化无穷的纹理。如果撒完盐后还需分染，要等到颜色快干时才能下笔，不然的话就很难控制。使用的盐最好颗粒大小不均，这样花纹才能变化万千。

图 3-4-24　撒盐法

6.电脑表现法

电脑在现代设计领域中已广泛运用，它具有高效、规范、技巧丰富、变化快捷、着色均匀、效果整洁等诸多优势（图 3-4-25）。电脑制作出的许多效果是手绘无法达到的，学会使用电脑技术来处理制作图案是现代社会发展的需要。因此，我们有必要熟悉掌握一些图形编辑、设计类软件，发挥它们的诸多功能来制作图案，扩展图案表现的技术领域。

图 3-4-25　电脑表现法

7.综合技法

综合技法是指用两种或两种以上的表现技法来塑造形体、装饰画面。综合技法的运用可以使画面层次、色彩更加丰富。多种技法的综合运用要有主次，画面才有秩序。如图 3-4-26 所示，背景用喷绘手法形成的虚面，前面花卉用点、线、面结合的表现形式，一虚一实，使图案与背景层次分明，同时又不失整体感。

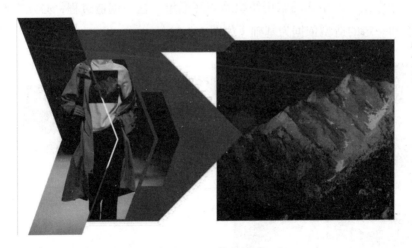

图 3-4-26　综合技法

二、服用纺织品图案设计的形象表现

（一）市场调查与素材组织

调研是设计的基础。创新的设计源于调查研究。调研也是服装设计系列工作的起点。如果没有调研，也就没有设计。通过调研可以对资料、素材、色彩、面料以及市场进行深入分析。在进行设计时要有一个清晰、明朗的视角，从而形成更深刻的理解力，并运用于随后的设计拓展中。其中市场调研还有助于对不同层次的服装市场的了解和理解，最重要的是能站在消费者的角度，让设计更贴近市场需求。

图案形象的创造源于生活、高于生活，丰富多彩的大自然和现实生活为服用纺织品图案创作提供了丰富的素材，取之不尽，用之不竭。服用纺织品图案的创造是设计师深入生活，通过观察、研究、体验、分析和收集素材后，整理取舍，组织提炼的结果。从感性认识到理性分析，把握事物的本质，运用艺术手法概括、提炼，从朦胧的构思立意到完整表现，这一过程需经过认真勤奋的创作，最终才能创造出理想化、典型化的服用纺织品图案形象。这一创造过程，必须有明确的构思立意和一定的造型依据为基础（如图 3-4-27）。

图 3-4-27　构思立意与服用纺织品图案设计

1.设计定位构思立意

在服装设计行业没有什么是完全崭新的。时尚是一个循环，其核心就是再创造。服装行业本质上是瞬息万变的，具有节奏快、流行周期短等特点。创新的能力是设计师的基本技能，设计师可以通过运用强大的设计构思方法来开发自己的创新能力。设计前对消费群体与服务对象进行调研是第一步工作。

构思立意是艺术创作所具备的一种高级思维活动，是对服用纺织品图案形象以服装整体风格为标准进行的思考，从而确定主题及形象的精神风貌，做到服装设计与年龄、性别的协调。设计师不可能凭空创造，要不断地从环境中吸取并发现新的灵感，不论是面料上的科技革新，还是对社会环境的反应，设计师们都要在创新事业的最前沿。通过调研将信息归类和编辑的过程来确定概念和创意方向，设计定位构思立意。因为服用纺织品图案具有很强的适用性和目的性，因而在塑造图案形象前就要有明确的构思立意、清晰的造型意图和设计目标，以使设计图案与服装款式、使用场合相协调，使服用纺织品图案设计具有适用性和针对性。服用纺织品图案的构思立意分主观立意和客观立意。

（1）主观形象立意

主观形象立意指设计师在创造艺术作品之前的创新思维活动，是为表达自己的审美理想而对服用纺织品图案形象进行的设计。主观形象立意首先要明确主题形象的精神风貌，同时选取与构思立意相适用的题材，强调和突出总体风格品位及装饰含义，使之与服饰相适合。这一切构思立意主要由设计师个人的艺术修养、审美理想、设计意图、创作方式等因素决定的。

（2）客观形象立意

客观形象立意主要是指设计师在创造服用纺织品图案之前，明确主题方向后，要明确客观对象、装饰主体和实现途径的客观要求和条件。主观构思立意如果脱离实际客观要求和条件，只能是纸上谈兵，变成无源之水，无本之木。

服用纺织品图案的装饰对象是直接以人为主体的，并呈现在服装或与服装有关的附件、佩件上，因而服用纺织品图案受到整体风格、款式结构、各种功能、用料以及着装者的身份、情趣、着装场合还有生产制作的工艺条件以及流行趋势、市场销售的、行情的制约。这些因素属于客观存在，它不以设计师的个人意志为转移，是图案设计中必须加以认真考虑的因素，而且是设计师必须熟悉、了解和掌握的基本条件。服用纺织品图案的设计受设计师的主观立意和客观条件的制约，这两方面的因素是相互关联、相互影响的。设计师的主观立意必须以客观要求和条件为根据和参照，而客观要求和条件反过来也通过主观意向才能得以贯彻和实现，所以在服饰设计过程中构思立意要为图案形象的创造奠定基础。

2.对品牌服装的面料图案调研进行素材分析

服用纺织品图案形象创造来源于形象素材，总括起来大致可分两大类。

①大千世界的客观物象包括植物、动物、人物、风景，大到宇宙星辰，小到各种物象的局部、内部，包括显微镜下的微生物、矿物质的结晶、分子结构、细胞形态等，以及物质表面所呈现的肌理、纹理的特征。大自然物象是艺术创作灵感来源的重要内容，是服饰形象创造必备的素材来源和形象依据。

②社会生活时尚和人工造物包括各种人工造物，如器物造型、文字、各种符号、标徽、纹饰，以及社会热点、各种的重大事件等，还有设计者的主观感受以及和个人内心体验、感觉等。这是设计师长期观察、体悟生活，悉心研究人们的着装时尚和着装心理而获得的。要设计出优秀水平的服用纺织品图案，设计师必须有意识地培养自己在生活中做一个有心人，时时观察现实生活中的各种事物、现象，同时又要把自己的生活感受融合起来，从中吸取对设计有用的东西，不断积累，再通过勤奋的基本功训练，厚积薄发，从而迸发出创作的灵感，创造出有新意的高水准的服饰图案形象（如图3-4-28）。

图 3-4-28 对品牌的调研

3.对相关流行趋势的调研与收集方法

（1）服用纺织品图案的写生

服用纺织品图案的写生是服用纺织品图案创造的来源，也是服用纺织品图案形象素材收集的重要方法。

通过一定的图案写生，可以锻炼对自然物象的观察能力，提高形态的概括能力，丰富造型的表现力，提高审美水平。因此，写生是艺术创作最常见的训练技能和收集素材的方法，也是服用纺织品图案创作、收集素材的主要手段。

（2）采用摄影形式收集素材

深入生活直接面对面地认识客观对象，记录客观对象是服用纺织品图案收集素材的主要手段。摄影收集素材是直接面对客观对象，能够把客观对象完整的、如实的收集过来。这种方法既可以补充写生时不能获得的具体内容，也不像写生那么受时间局限。这种方法虽不能像写生时直接观察记录那么生动、细致，但借助摄像形式同样对图案创作起一定的作用，并可随时补充、运用，如直接采用摄影的优势能够真实记录自然的物象。尤其是对一些变化运动的动物、人物，瞬间的动态，能够快速而准确的记录，还可以将一些细节记录清楚。虽然摄影形式能够快速记录自然物象、收集素材，而且不受环境条件限定，但是绝不能作为主要收集素材的手段，因为它不能像写生那样去概括、提炼自然物象，所以收集素材还应是以写生方法为主。

（3）图片的选择和利用

图片的选择和利用是在一定的条件下，无法进行实地写生和拍照时而采取的收集素材的一种方法，也是补充写生素材不足，寻找相关图片资料来参考和启发设计灵感。

例如，有时要创作一些客观物象或某个植物、动物图案时，无法亲自去实地考察，只有借助有关的图象资料来补充和完成。参考这些图片资料首先要全面认识了解，即参考形象资料也要参考相关的文字资料，以便更好地熟悉了解。在借助这些图片创作时，一定要融合自己的创作意图、个性表现，避免照搬，否则这样的艺术创作就很难有持久的生命力。

4.造型手法

服用纺织品图案形象的构思立意是依据形象素材进行分析、研究、归纳，使之成为具有装饰美的图案形象。从现实形态到艺术形象的创作过程即造型，是服饰形象表现的一个非常重要的手法，是将选择的形象素材进行有目的的加工、改造，是源于生活、高于生活富有新意的图案艺术创作。

（1）造型的要点

①抓住物象的特征。自然物象千姿百态、姹紫嫣红，尽管种类繁多、形态各异，但基本结构却是十分相似。只有很好地把握基本形态、结构、个性特征，才能准确地表现客观对象。

②运用形式美。装饰图案的审美特征，是以形式美为准则，而形式美就存在于客观对象之中。设计师要善于观察并表现，运用形式美的规则加以组织和强化，使自然物象变化成富于艺术形式美的形象。如将自然物象所具有的放射、渐变、重复、对称节奏、韵律等再加以组织强化，既突出其特性，更增强艺术的感染力。

③想象创造。任何艺术创作都离不开形象思维。形象思维具有极大的想象力和创造力，在进行服用纺织品图案形象表现时，不仅要抓住客观物象的属性、结构、个性特征等，还要运用艺术的手法将自然物象升华为装饰美。这一过程的实现始终离不开人的想象力。充分发挥想象力和联想，使客观物象进一步升华，是艺术形象创作的基本思维方法。

（2）造型方法

在服饰图案设计中的造型手法有主要以下几种。

①简化归纳：是一种高度概括、简化、提炼的手法。舍弃自然物象中局部杂乱的细节，把握整体造型，突出特征，提炼出简洁、明确、单纯美的典型形象。简化归纳是将客观对象平面化、单纯化、形式化，减弱透视关系，注重外轮廓形的特征变化，如剪纸、石刻等影绘手法。这种手法的运用，在服饰图案设计中，要与服装整体造型的简洁风格相互呼应，协调一致，才能使服饰图案造型更完美。

②添加组合：是装饰图案常用的手法，使原本较单一的造型更丰富，更增添艺术情趣。添加组合的具体手法有三种：从形式出发，点、线、面的添加组合；结构纹理的添加组合；两种或两种以上的形象组合，形成复合式的综合纹样。这种图案造型手法在民间民族服饰中，及古典风格的服饰、女装上运用最多，可使装饰对象丰富、华丽。

③夸张变形：夸张是艺术造型表现手法之一。夸张是对客观对象有意识地改变原型的形状、色彩，甚至性质的改变。其强调主观感受，将原型的形状、比例、数量增强或减弱，达到一种极度。夸张离不开人的想象，有意识地夸大原型、原

貌的特征，使之更鲜明、强烈、醒目、突出，更富有艺术的感染力。夸张具体手法有三种：抽象夸张，规则化、几何化；局部特征、神态的夸张；整体形态的夸张。包括比例因素有压缩或拉长。夸张手法在服饰图案设计中的表现，一般是以童装、青年装、休闲装出现，装饰部位在前胸、后背等引人注目，成为视觉的中心，达到醒目、新颖、活泼的装饰效果。变形手法是设计师在民族服饰、民间服饰或表演类服装、休闲类服装的刻意张扬个性的手法，是特殊场合特定的服饰图案常用的变形手法，具有神秘、新奇、荒诞的特点。

　　④分解构成：分解构成是一种现代设计思维活动，是近代科学技术和人类精神意识的新的飞跃而产生的一种新的造型观念。分解构成是将原型或几种以上的元素分解，分解后的形态按某种规律重新组合，产生新的形态。分解构成是不断的分解和组合的过程。其目的就是产生新的造型样式，构成众多新的形式。变形分解的形象重新组合，往往产生的是具有新的意味的造型。分解后的形态不是某一具体形象组合，是局部形象的重新组合，含有局部特征。具体方法如下：分解构成有规则分解、自由分解两种。规则分解一是原型结构关系分离、拆散，二是按一定比例关系将原型进行分解、切割、移动位置、错位、转换方向，如纵、横、斜向、网状、伞状等规则分解。自由分解是按设计意图任意分解、平衡分解。组合，是将分解后的形象按一定的规律有目的的组合，产生新的形态。组合有重复、重叠、重构三种手法。这三种手法可以单一运用，也可结合运用。分解构成这种造型手法，更适合运用在青年装、休闲装的图案设计上，满足现在人们求新、求奇的审美追求。

（二）资料收集及方案构思阶段

1.资料收集

服饰图案构思的前提是资料的广闻博采。收集积累直接或间接的素材，实物的、图像的或文字的素材都是可以收集积累的。例如，对古建筑的雕刻图案或古代服饰图案的收集，等等。

没有一定量的素材积累，做设计也就成了"巧媳妇难为无米之炊"。雕塑大师罗丹也曾说过："所谓大师，就是这样的人，他们用自己的眼睛去看别人见过的东西，在别人司空见惯的东西上能发现出美来。"说明只有一定量的素材的积累和综合知识，并善于从不同的角度观察，善于分析、归纳和升华，才能从平凡中发现非凡。

素材本是文学和艺术作品的原始材料，是未经总结和提炼的客观生活现象。广义的素材包括原始材料和一切有关的因素，也包括其他完整的文化艺术作品。服饰图案的形态内涵积淀得丰富，并通过一定的表现手法，如变化夸张，赋予素材以深层的寓意和新的理解，成为内涵丰富的新艺术，从而大大提高图案的艺术感染力，使消费者或观众能体会和品味到服饰的风格与美感，唤起消费者或观众内心深处的潜在审美欲和占有欲。

素材的积累主要来源于生活。只有深入生活，到大自然中去，通过写生、记忆、采集，才能用直接感受来体会艺术源自生活这一规律性的真理。

（1）通过写生直接获取第一手资料

丰富的生活为服饰图案设计提供了取之不尽，用之不竭的创作素材。自然界的蓝天明月、碧空繁星、鸟兽鱼虫、江河湖泊、奇花异草、矿物结晶、天文奇观植物果蔬。日常生活中的器物珍玩、桥梁建筑、文物园林，等等。只要设计师用心去观察和发现。面对纷繁的客观景物，设计师可以随身携带一个速写本，对自己感兴趣的事物的形态、状态、图案、现象或者某种构成形式，进行观察并记录。因此，写生是为服饰图案创作构思提供基础资料的主要手段。

写生作为收集素材的主要途径，是主观意识对客观现象的反映。作为图案创作的第一步，写生质量的好坏会直接影响作品的完成效果。因此，写生时面对众多自然形态、抽象形态等，要仔细观察，发现主要特征、内涵与本质、外形与视觉情趣，从整体入手，要求刻画生动、细致，特别强调内外轮廓的特征与质感美，注重其结构的内在联系。从局部入手的要围绕一个引发视觉兴奋的关键点来展开，边描摹边组织画的形式、布局等。以装饰为目的收集素材的写生要求去粗存精，以概括、简洁、利落的线条肯定地、清晰地交代写生对象的特征。

（2）广泛收集、记录书籍和展览等多方面的信息资料

古今中外有许多优秀的服饰图案图例，是我们最为方便又现成的资料。

我们通过收集各个时期、各个民族的服饰图案，来分析各类文化背景下的服饰图案形式、装饰风格与特征，并将它们进行分门别类地整理。有选择地加以临摹，并记录它们的装饰规律和美感特征。只要这种不同的特征可以为图案创作服务，就可以为我们所用，就能为我们的创作提供广阔的资源。

此外，现代科技信息十分发达，世界四大时装中心每年两次的时装发布会，

国内外各式各样的博览会、展览会、设计大赛等，都能给我们带来最新、最先进、最现代、最优秀的资料，掌握现代艺术及服饰流行趋势，把握时代脉络，观赏与分析乃至借鉴前人或他人的设计作品，对于我们的构思、创作、设计大有裨益。

临摹古今中外各类优秀的建筑雕刻装饰图案、服饰图案，以及其他装饰图案集中的图例，寻找和体会构图法则和表现方法，形式美感和描绘技巧，从中寻找到贴合服装主题及风格的服饰图案素材，也不失为一种可行的收集素材的好方法。

参考、借鉴他人作品，注意不能抄袭或直接应用于商业营利活动，避免引发著作权及经济纠纷。

（3）通过电脑方式收集素材

电脑与互联网是现代信息社会高度发展的产物，最能代表前沿的动态，反映尖端学科的发展并引导潮流。电脑的信息储存量大，内容极其丰富，只要通过电脑上的互联网浏览有关网站，世界范围内的任何信息和资料都能显示于屏幕上，其中有大量的图像资料可以下载。利用电脑技术和互联网，可以让我们将不同国家、民族，不同历史时期，不同服饰图案的资料同时观察、比较、借鉴并吸收消化。

当需要某一资料或对其感兴趣时，利用电脑技术和互联网，可以下载储存并打印出图，作为参考资料加以保存，或作为原始材料引发我们的创作灵感。

2.方案构思

（1）主题方案的构思

构思的方法分为定位法、直觉法、联想法、模仿法。

A.定位法

这种方法指在设计的开始，根据需求制定明确的目标及确定设计的方向。明确的目标就是定位。其过程是：调查研究、收集素材、分析归纳、确定目标定位、寻找切入点、充实细节、统一完善。服饰作为商品，涉及诸方面的问题，如产品风格、产品成本、消费者、市场、价格，等等。从中筛选出有关因素并逐步明确其目标定位。

a.目标定位

面对一个主题，首先要进行目标定位，必须先定一个大的目标，或一个设计意向等等，这只是一个大的趋向，一个初步的雏形，但不能过于空洞，应当有比较接近实际的目标参数。因此，应当通过对服装主题、服装种类、服装的款式特征，以及穿着对象、穿着场合等诸多已经掌握的因素，进行一番详细的分析或研究，明确选定一个较为具体和清晰的范围，使思维变得明朗起来。

b. 寻找切入点

选定目标后收集相关素材，积极地寻找思维的突破口即切入点，它既是设计构思展开想象的起点，也是将抽象思维转化为生动而具体的形象思维的转折点。有了这个切入点，就开始有想法了，可以由点到面，也可由面到点；由表及里，也可由里往外地构思。设计构思就在这个想法的基础上，推而广之，无限扩展。

通常是从设计服装外形开始，再思考设计细部或图案纹样。但也可以先从鞋帽（或已有鞋帽）或图案纹样设计开始，由小处得到灵感，从小处着手，再思考设计服装款式外形，逐步完善。

事实上，在目标定位的过程中，我们就已经开始了切入点的寻找。在广泛收集、筛选素材的同时，如何将定位进一步深化。例如，2002 年 11 月在中国国际时装周举行的第八届中国服装设计新人奖的入围选手作品中，有两组的设计构思都是以花朵为切入点。不同的是"花的小宇宙"的设计师观察到了每一朵花都有它的世界。四季、朝夕、瞬间，一朵花就是一个小宇宙，在花朵的世界里，绽放、闭合、低垂、摇摆。设计师深入观察每一朵花的曲折、卷合、绽放的不同姿态与表情，并由此切入，运用了含灰的优雅中性色调，利用面料的折叠、卷曲表现一朵花的特征。

另一个系列的作品"Two Seasons"的设计灵感也是源于花朵。不同的是设计师运用沉着安详的橄榄绿色针织布色边易卷曲的特性，与花朵层层绽放姿态的相同之处作为切入点，将这些卷曲盘旋成花朵的造型点缀在肩头、袖口、腰带甚至整个裙身上，将花朵的造型临摹得淋漓尽致。搭配千鸟格面料，体现出都市人渴望回归自然与怀旧情绪，营造浪漫和谐的气氛，相当成功。

由此可见，同一个主题或风格的作品，切入点往往都会因人而异。因此，在寻找切入点时，重要的是敏锐地捕捉最为典型、最为鲜明的状态，并给它注入新的观念，新的活力。

c. 充实细节

在找到了思维的切入点、兴奋中心后，就要对整个服装图案的表现手法、结构布局、色彩、工艺等全面地考虑。所以在寻找了一个突破点之后，就要以点带线、以线带面的深入细致地把与这个点相关的图案加以完善。选择什么样的构成形式，什么样的工艺，什么样的素材以及安排在什么样的位置，等等。将点或线精心、全面、巧妙、合理地连缀成面，使之能与服饰整体风格统一，完善整体款式造型，使服饰图案的素材、内涵、线条、色彩，工艺等细节能形成与服饰整体的相互衬托，互相呼应的效果。

d. 总体完善

就是以客观理性的态度对充实了细节、已趋完成的服饰图案设计稿进行整体地观察，使注意力从各个局部和细节中跳出来，整体地审视服饰图案。其表现手法有没有突出主题风格，图案的大小是否符合初衷；图案的形式是否具有美感；繁简疏密有没有与服装的结构或款式发生冲突；图案色彩与服装的色彩是否和谐；色彩搭配效果是否强烈；有没有视觉冲击力；服装图案所用的工艺是否完美地表达设计构思；服装图案是否与服装面料达到强或弱、立体或平面的对比，等等。

若从视觉上看，感到图案过于生硬或喧宾夺主，或者视觉效果还不够强烈，就要从全局的角度出发，对设计构思进行修改，直至和谐完美为止。

B. 直觉法

直觉法是设计构思方法中比较多见的一种方法，是指在设计之初并没有具体的目标，由于受到某种事物的启发而产生创作的灵感，或在调查研究掌握各种资料后，在整理分析资料的同时产生创作的灵感。它的过程是：引发灵感，感性体验，理性思考，确定形式。

直觉法的背后是设计师的修养和综合知识与经验的支持。

a. 引发灵感

有些作品在构思之初并未有十分明确的设计意向，思维处于漫游状态，偶然间电石火花，灵光一现，灵感应运而生。

设计师的长期修养和综合知识与经验的积累，使设计师拥有很深厚的创作基础。有的时候一时无从入手，但当他梳理好思路，就能寻找到创作的落脚点，或许睹物联想，或许触景生情，或许踏破铁鞋、水到渠成、茅塞顿开地灵感闪现。

但不能整天无所事事的空想或什么也不想，灵感是设计思维过程中经常遇到的思维现象，任何设计都离不开灵感的促进作用，只是灵感常带有突发性、灵活性的特点，让人捉摸不定。

灵感除了突发性，还有联想性。即在观察、收集一些与设计本身并不相干的事物时，某一图案或某一风格或者某一印象可能触动了设计师的触角，引发设计师的联想，由此及彼，触类旁通，茅塞顿开。因此，在日常生活中就要以一颗敏锐，细腻的心去感受世界，保存相应的信息作为基础，这样，就能在相关或不相关的信息作用下，广泛、灵活、古今中外纵横地思考，各种知识、经验、信息融会贯通，从而产生新的构思、新的设计、新的方法等。

b. 确定形式

服饰图案的设计并非有了灵感就万事大吉了。一个灵感的产生初期，往往还只是一个模糊的概念，或者只是服装的部分图案，或者只是将单件服装的图案考虑得比较完善而整体还很模糊。那么，如何将这个概念清晰化，或将一组、一系列的服饰图案运用得整体又恰当呢？必须确定运用什么样的手法和工艺，确定每件服装之间图案的大小、长短、松紧、韵律、节奏、平衡，确定采用什么样的面料，确定给什么样的人穿着等。而这个过程，是灵感与图案相互沟通、相互融合的过程，这个过程决定着服饰图案设计的总体风格与定位，有了这个过程构思就可以朝更深一步的方向发展。

c. 理性思考

在构思深入的阶段，更加强调理性的参与。理性的思考与评价能够使我们在前两个阶段所感受到的大量的表象、概念或者灵感的火花，都能从判断、推理，到加工和改造，从而使构思产生一个飞跃，达到一个新的层次。

有经验与没有经验的设计师的根本区别，就在于遇到困难与问题时能否理性思考。有经验的人可以凭借以往的实践经验，透过现象看到事物的本质。对服装的理性思考越深刻，创意的构思就更深入更细致；而没有经验的人常常被事物的表面现象所迷惑，思维始终停留在感性认识阶段，不知哪里该调整、哪些应该保留、哪些应该舍弃、哪些可借鉴。遇到这种情况，就要在理性思考的基础上换一个角度易位而观，易位而思。或站在市场销售者的立场，或站在消费者的立场，或站在使用者的立场，或站在观赏者的立场，或站在批判者的立场上来思考。这样，就会有茅塞顿开之感。

理性的认识和思考，要能从整体的、立体的效果去思索，要能预先想到各种因素，并能从服饰图案的穿用场合、穿着对象等全面综合地思考，才能使服饰图案的设计构思得到尽情发挥。

d. 感性体验

服饰图案的构思经历激发灵感与感性思考的过程，感受和激情是贯穿始终的一条主线。当构思开始，还处于朦胧状态，一切尚不清晰时，直觉的感受没有经过严格的逻辑推理，而是一种断断续续的，并未十分连贯的跳跃式思维活动，当它在摸索或领悟到一丝线索之后，就能快速地沿着这个思路展开或找到它与其他事物之间的联系，这也就是我们常说的"职业的敏感性"。而且直觉与感觉的新鲜、敏锐性决定了在随后的理性思考过程中，能否有效地筛选和运用相关的资料与信息，透过现象抓住本质。在设计构思的后期，直觉的感性体验也是完善构思的依据，构思达到什么样的程度，什么样的构思才能算完善，并没有一个统一的判断标准。这种判断就需要回归到感性的体验上，回味当时的创作情境与体验，以观察现在的设计是否表达了当时所考虑的因素。可以尝试以不同的人群，不同的视角，不同的心理感受过程来构思服饰图案，使作品拥有更加深远的、无穷的魅力。

C. 联想法

联想法是一种促进人的思想由一个事物的触动，而联想到另一事物的思维方式。是锻炼人由此及彼、由浅及深、由表入里，即由眼前现实的一件事物，通过接触类似的事物和比拟，并与其他的事物相对比产生联想的方法。推想到与艺术相关的事物，使各种看起来并不相关的因素互相联系，并揭示出它们的内在联系的纽带。我们的构思就常常在联想中得到新的启迪，这些由联想构成的联系，都是按照一定的规律进行的，主要有接近、类似、对比、因果等方法。

接近联想是由一种事物的时间、空间、内涵等各方面的因素与另一事物相关联的各因素之间衍生出的联想。比如由明月想到夜晚、思念，由团圆联想到传统、古典，由小提琴想到女人、曲线，由民间剪纸想到吉祥与喜庆等，用这种方法可以使我们的思维得以开阔，使这种看似松散的、自由的大脑活动，在有目的、有意向的主观控制之下，主动挖掘与设计构思相关内容的切入点，使我们的构思长上飞翔的翅膀。

类似联想是由一种事物想到在性质上或形式上与之相关联或相接近的另一种事物。比如树叶与森林，蓝天与白云，蝴蝶与花朵等。类似联想，根据事物相似点的心理性质不同，可以分为外部形态、内部逻辑、情感反应三种类型，在文艺作品中，常用比喻、象征等手法将两个事物联系起来。

在服饰图案的构思中，则可以将图案的表现内容、表现手法、组织形式、特指内涵等，从服装本身或以外的事物中，寻找相类似之处和契合点，从而使图案在服饰上更丰富、更多样、更完整。

对比联想是由某一事物想起与此完全相反的事物的经验，其中又有直接对比和间接对比之分。直接对比，如由高大想到矮小，由繁复想到简单，由光明想到黑暗。在设计中运用对应强烈的对比肌理与色彩从而达到其目的。间接对比是通过某一事物的对比又联想起另外事物的相反的对比，如由男人和女人想到太阳与月亮等等。

D. 模仿法

人的创造首先从模仿开始，然后再逐步深入、升华到创作。这种模仿与我们前面提到的收集素材时不便于记录而采用的写生的方法是不尽相同的，它并非原封不动的照搬照抄的复印，而是通过原型的启发或借鉴，往往会出现意趣横生的作品。比如，在服饰图案结构上，除了我们常见的散点、单一式、连续式等结构外，还可以模仿植物、动物、人体、风景的构成组织构图。比如，可以模仿自然的形态、花纹、肌理、色彩等，然后归纳、总结出最具特色的地方，用抽象或具象的手法表现图案或简洁，或细致的风格。

此外，还可以通过对原型的制作工艺、技法、材料等的模仿，从而创作出更有魅力的新作。

构思的过程分为以下几个环节。

构思是一种特殊的、复杂的、多样的思维活动。设计构思是现实客观反映和思维的深化、艺术化的结果。服饰图案设计的构思包括针对不同类别的服装及不同的穿着对象，如何选择素材、如何表现、如何制作以及功能、材料、色彩，整体搭配等多方面的综合思考。经过深入研究，反复酝酿才能使构思的过程顺畅，最后经过加工提炼，以最佳的方式表达出来。

A. 观察、累积素材

服饰图案的创作构思，既不是凭空想象出来的，也不是先天就能产生的。因为人类任何思想活动和知识，都不是生而知之，而是通过后天的直接经验和间接学习的结果。因此，设计师平时对服饰图案相关信息的观察，对创作素材的积累与综合加工是激发创作灵感和构思的基础。这里所指的创作素材内容包括：服装图案、表演服装、传统服饰、日常街头服饰、民间服装及配饰，以及学习中得到的知识与技能。此外，还应细致、深入地观察大自然、人造物、各类艺术作品、科技动态以及包括存在于文学、哲学、社会意识形态之中的思潮与观念。将这种服装专业信息与来自生活方方面面的信息进行提炼、转化、升华，就需要设计师多观看、多记录、多体会、多琢磨、多应用。只有如此，信息储备与灵感碰撞结合的可能性才越大，设计师的视野才能更深、更广、更有高度。

B. 想象

服饰图案的创作离不开设计师的想象。想象力就是创造力。观察并记录下来的信息和表象经过有选择性地分解、组合、搭配、综合才能形成形象。人的创造活动，表面上看似乎是超现实的，但实际上仍是以现实为基础，对已有的表象进行加工、联想、综合、改造而得出的。想象在其中起了决定性的作用。

C. 灵感

灵感是人们在创造活动中，某种新形象、新观念、新思想突然进入思想领域时的心理状态。

每天，我们都能遇见难以计数的生活场景和情感体验，虽然绝大多数未被我们留意，但它并非消失得无影无踪，而是贮藏在潜意识中，当我们调动心智，观察事物，分析信息与图案创作素材之后，经过整合性的想象与升华产生的顿悟，那就是灵感。尽管灵感有突发性、瞬间性、不可捉摸性，但还是可以通过前面部分阐述的方法来激发灵感，使设计构思上升到另一个层次或再创造出新的创意构思。

构思的表达分为平面表达与立体表达两种。

服饰图案的构思表达可以分为平面表达与立体表达两种。平面表达就是用效果图的方式将设计师的构思表达出来。立体表达，则是通过实物制作，将构思由平面转化到立体直观效果，使之与服饰有机结合的表达方式。

A. 平面表达

当设计师对自己的服饰图案创意经过深思熟虑，创意构思达到比较完善的程度之后，时装的总体形象就会隐约地浮现在脑海中，这时辅助构思时随手勾勒的草图，大多已经不能满足设计师总体观察的要求，难以体现图案在服饰上的大小、色彩、质地等。因此，平面的表达方式能方便、快捷地帮助设计师将构思清晰化、形象化、具体化，使其能总体上把握与协调图案与服饰之间的呼应、对比关系。

平面表达的效果图主要有两大类。

a. 用于制作的效果图

主要是为表现设计构思中图案在服饰上的位置、大小、色彩、材质等而做的设计效果图。这种效果图有两个作用：一是有利于设计师展现构想中的服饰图案形象，检验最终的构想是否符合服饰的风格、特点，并借此进一步修改、完善。二是方便服装打版师及制作人员领会和把握设计意图，减少误差，把构思最完美地表达出来。

用于制作的效果图，多采用写实手法，模特比例匀称，体态优美。姿势的设计要有利于服饰图案的展现，尤其要注重对各部分比例、细节的刻画。对于服饰等的结构线、分割线、线迹线、装饰效果、工艺手段等要交代清楚。技法上以平涂为主。但在图案的表现上，则可以根据构思及服饰风格的不同，用不同的处理手法，但也要保证图案的清晰、完整。绘制工具和颜料不限，水彩、水粉、彩色铅笔、派克笔、粉彩笔等工具和颜料均可。

此外，画完彩色效果图后，还要求将服装款式、图案等的平面图（正、背面）绘制在主图旁边，把服饰线条主要细节或局部放大，还可以加上文字注释或面料小样。这种表达方法以能清楚、准确地传达设计构思为最终目的。

b. 用于展示的时装画

这种表达方法与前一种相比，是为了着重表达服饰图案构思的奇特独到之处，设计师或时装画家运用别具特色的艺术表现手段，标新立异的画面构图来张扬个性，表达创意构想。通过风格浓郁，形式感极强的时装画作品，表现设计师不同的审美情趣、艺术修养、时尚品位等。

艺术地表现服饰图案的手法不仅仅限于写实风格，夸张、变形、装饰、写意等手法都可以被采用。服饰及图案的比例也可以在基本比例较为准确的前提下，对某个局部加以夸张、强调，突出它与其他服饰图案的不同魅力。

为了寻找新的表现形式寻求新的画面效果，就要在人体动态、体态、神态；形象的情调、意境；画面构图、表现手段、线条气韵、设色浓淡、体面、色彩、角度等方面能有所突破。技法上可用：纸贴法、喷绘法、布贴法，编织法、绘染法以及色块、文字、图片、底色等方法交错应用。充分表现设计师所构想的服饰、图案的美与艺术感染力。

B. 立体表达

根据平面的效果图所提供的完全合乎设计构思的服饰图案，包括形式、结构、色彩、材质、位置、大小、比例等元素，运用实物材料进行试验性、演示性的制作就是立体表达。这种表达方式的好处可以更直观、更真实，一目了然地表达构思的一切信息；而它的缺点在于费时、费力和增加成本。这种表达方式最好的应用方式，是先对照效果图，将服饰图案的结构式样、肌理效果等在需要装饰的服装面料上以小面积试验，尤其对于运用了印染、绘制、剪贴、拼接手法的图案更应如此，避免出现和设想相距甚远的结果。

另外，立体表达的方式对材料、工艺技术有更进一步的具体要求，有时需要向生产制作者请教或合作完成。

（2）主题方案的选择

①明确图案的主题范畴。图案设计通过主题设定构思范围，通过灵感来源物存在的相关性和可比性，去发散人们的固有思维。首先从灵感来源物具有的相近特点进行联想，设计者通过结合相似点进行创作，展开思维想象，进行再设计；同时灵感来源对象具有可对比的特点可以进行联想，从而拓展主题性设计的思维空间和概念特征。对主题性图案做相关的丰富想象，可以使主题表现富有层次感、立体感、空间感。如以"自然"为构思范围，通过灵感搜集确定以"对原始质朴的向往"为表现特征，那么取材就是寻找能表达该主题共有的感知和内在联系的事物，并进一步拓展丰富。

②选择合适的色彩组合。颜色调子的选择是整个主题设计除纹样设计外最重要的组成部分，是决定主题设计成败的第一印象。服饰图案色彩已成为日益重要的风格要素。色彩本身不仅具有不同的色彩感受，而且具有特定的内涵与主题意向。设计者运用自身对主题的理解和图案色彩的表现，选用适当的面料与工艺来制作，从而在形色、材质等方面全方位造就主题性设计的艺术效果。选择天然的具有民族风情的自然材料，还是选择现代感的人造材料，不同的材料工艺能产生不同的心理效应。因此，对材质与工艺的恰当运用应由不同主题设计的性质来决定。服装和配饰设计都是以主题为指向，在形色材质工艺上得到协调的整体把握，从而综合各个设计因素，相互配套，营造主题性设计的整体氛围。

总之，在设计整体实现过程中，需要灵感来启发和充盈我们的设计理想，感知自然界里有创意的事物。服装设计调研主要是对于视觉上的研究，不仅是在设计的开端，而且是在设计过程中所有阶段都要助力思考，产生创新与提供动力。以市场为导向研究，或者是新兴的概念和主题，或者是从你的研究中衍生出来的概念，或者通过创意启发思维，进行深入的设计调研。通过服装设计概要，也就是对一个有时限要求的设计项目概述其宗旨和目标，结合具体方法，如草图和笔记、头脑风暴、蜘蛛图、记录设计过程等，将收集来的素材用比对法、并置法、剪贴本、案例分析的方式进行更深入的研究，并产生新的设计方向。这能帮你提升决策和应用的能力，并且培养较强的时间管理能力，即在设计过程中有效的时间利用（图 3-2-29、3-2-30）。

图 3-2-29　市场调研　资料收集

图 3-2-30　收集资料　构思方案

第四章 服用纺织品图案设计的时尚美学

本章作为全书第四章，主要讲述服装与时尚中的"美"与"美学"、服用纺织品图案设计审美意识、服用纺织品图案设计的美感因素、服用纺织品图案设计的形式美法则等内容。

第一节 "美"与"美学"

一、审美要素

就服装本身而言，如果从设计的角度去考察，其确实具有类似艺术创作的特征。如果从服装的表现形式看，除服装本体，它还有具有为经典的艺术理念所认同的其他表达方式。谈到装饰图案的美，我们往往会想到美学、艺术美、自然美、形式美等概念。美学在西方属于哲学的范畴，学术流派众多，至今没有一个统一的定义，如格式塔心理学、异质同构、移情说、快感说、游戏说等。这都是在哲学心理学的层面上展开研究，成果丰硕，但是争议很大，我们在此就不做讨论。艺术美是美学研究的一个分支，但观点也是见仁见智，各抒己见，基本上把人的主观心理活动的表达都列入了艺术美的研究范畴，很难获得一致认同，对此我们也不做深入讨论。在众多对美的阐释中可能只有自然美、形式美是最没有争议的，是为大家一致理解和认同的。

马克思说过"无法辨别美的人是可悲的"，孟子说"充实之谓美"，王国维说"一切之美皆为形式之美"。评价一件事物美还是不美，我们往往会根据自己的实际感受做出相应的判断。不同的人对美并没有统一的定义，它可以从哲学、心理、艺术等各个角度阐释，但美离不开两个主体，一个是客观事物的本质特性，另一个是人类的主观认知。当我们将主观意识、想象、情感投射到客观事物上，与其特性交融形成一个完整形象并获得心理满足时，便有了美。

审美则是对事物美的评判，有三个方面的影响因素：第一是人，即审美的主体。一个人的审美观、价值观、情感和教育背景等决定了他选择用何种方式来看待和评判事物。在农夫眼中，那金灿灿沉甸甸的麦穗是美的；在诗人眼里，那田间的枯木孤枝亦是美的。

第二个是我们评判的对象，即审美的对象、客观事物，也称为客体。客体的形式特征、内在外在的表现是评价的基础和依据。大自然的花花草草、山水云石、芸芸众生、万千气象以及生活百态等都可以成为审美的对象。除此之外，我们也常听说最美人物、唯美故事等，他们的思想行为也可以是我们评判的对象。总的来说，审美的对象始终包含内容与形式两个方面。我们在内容方面，应秉承真、善、美的价值观；在形式方面，也应遵循形式美变化统一的基本法则。

第三个是社会文化环境和背景。不同的人、不同的时代、不同的地域都有不同的生活方式、社会风俗和宗教信仰，这些不同社会的文化差异都会对评判产生影响。审美没有唯一标准，其差异性普遍存在。审美行为是一个诸多要素综合作用的结果，它们相互影响、相互制约。比如唐代和宋代，人们对形体胖瘦的审美价值观是截然相反的，因此审美不能离开社会文化背景来进行，社会文化背景这是个不可或缺的审美要素。

二、审美机制

美没有唯一的评判标准，审美行为却有一定的机制可寻。第一，审美必须有参照背景，应获取相应的文化知识，建立审美"域"。换句话说，审美不能离开特定的时代和地域背景，要用那个时代的本土化的价值观来衡量，必须了解与审美对象相关的文化知识，才能做出正确的审美判断。就像欣赏足球这项运动，我们必须对比赛双方球队的基本情况，如球队的历史、成绩、球星、特点以及足球的基本规则、战术套路、实战能力等有一个充分的了解，这样才能欣赏到跌宕起伏的比赛节奏、球星的精湛技术、智慧灵活的战术所带来的激情和美感。欣赏音乐绘画、雕塑和舞蹈等皆是如此。只有建立了审美的"场"，才能正确触发审美的行为。

审美必须符合人的审美节律和审美取向（如图 4-1-1）。节律是人周期性的变化规律，是人与生俱来的一种基本的生理、心理活动特征，比如运动和静止、寒冷和温暖、安静和热闹、饥饿和饱足等。人们不能始终维持在一种状态，运动多了想静止，热闹多了想安静，饥饿了想饱食。这种节律人人都有，而且这种节律一直处于动态的平衡中，就像运动多了想休息，休息多了又想运动，循环往复。

图 4-1-1　服装中的图案审美

苏珊·朗格曾经把节奏性和有机统一性、运动性、生长性四者一起认定为生命形式的基本特征。无论在日常生命活动中，还是在审美活动中，节律都是一个非常重要的现象，比如心脏跳动的节奏、音乐的节拍、舞蹈的韵律。当人自身的生命节律能够与事物的节律形式相符时，我们往往会产生美的体验。比如在我们饥饿时尝到第一口食物，会感觉无比美味；在我们劳累时得到了片刻的休息，会感觉无比舒畅。也就是说，当我们的心理运动往一个方向持续发展时，潜意识中会产生一种逆向发展的欲望，使之趋向平衡，当这种欲望得到满足时，就会有一种愉悦感。

这种运动节律是矛盾的对立统一。审美也是这样，审美节律伴随着生命节律，始终处于动态平衡中。所以，当人们在欣赏文艺作品时，希望看到跌宕起伏的情节、各种曲折的矛盾冲突，而不是平淡无奇的剧情发展。由此可见，审美的对象应该具备矛盾对立统一的特征。

第三，审美必须是形式与内容的和谐统一。形式美是视觉的、外在的，这个大家容易理解，也容易取得共识。人类的基因和对世界的感知决定了人类审美取向上的一些共性。人们普遍认为，对称的东西是美的，完整的东西是美的，正能量充满活力的东西是美的。相对于残缺，人们更喜欢圆满；相对于消极，人们更喜欢积极；相对于虚假，人们更喜欢真实，情节完整结局完满的故事经常被称为完美，这也完全符合审美对象的真善美特质。通过形式表达内容，只有内容美和形式美达到和谐统一，审美的价值才能得到充分的体现，艺术的感染力才会更加强烈。

认识了审美的机制，我们就可以理解为什么有的艺术作品无法用形式美去解释，而用内容美去衡量就能通俗易懂了。我们现实中的英雄人物、模范人物被大众称为最美的人，但他们几乎没有一个是帅哥美女，他们的美完全是由感人的行为内容激发出来的。同样，我们也可以理解为什么对于许多民族的民间艺术，本民族的人非常推崇和赞美，而其他人则无法获得共鸣，正是因为他们各自建立的审美"场"不同所致。

三、美的多样性

在对美的解读中，我们对艺术美和自然美一般都能认识、理解和感知。然而在现代生活中，西方现代设计大量涌现，现代物质产品充斥着我们生活的方方面面。一些建筑、产品高度简洁化、几何化的精致工艺，给我们带来极大的美的享受，如苹果公司的系列产品科技感十足，让人爱不释手。然而用传统的美学观，很难解释这种审美的现象。这种由现代设计理念派生出的审美类型，被称为技术美。它诠释了现代生活审美的多样性。因此图案要有机地与现代构成相结合，对技术美的了解和研究是必不可少的。这里我们对技术美作一重点介绍。

技术美属于现代美学的范畴，它包括结构美、材质美、秩序美、工艺美、机械美和高级功能美。

（一）结构美

结构美显示了形体与形体之间的结构关系。创作者在设计中刻意将种形态的整合关系、折叠关系或者力学关系展现出来，比如建筑的球节点网架结构、桁架结构等（图4-1-1），一些产品中的螺旋结构、折叠结构和组合结构等。精巧的结构彰显出智慧的结晶，让人叹为观止，赞不绝口。

图 4-1-1　结构美的表现

（二）材质美

材质美是指现代设计中将一些材质的特性和本身的质地突显出来，让人们充分地感受到材料原始质地的无穷魅力（图4-1-2）。比如大理石、花岗石、木材、皮革、陶土等天然材料的自然纹理浑然天成，任何人工的修饰都显得多余。

图 4-1-2　材质美的表现

（三）秩序美

在创作中，秩序美提供了基本的创作要求，也是审美必须要尊重的要素。在现代设计中，秩序美往往体现的是一种有序的排列关系。这种有规律的排列和变化易于被人们的审美所接受，秩序美在一些建筑上淋漓尽致地体现了出来（图

4-1-3）。此外，绘画等其他设计方面体现的秩序美也较为常见。

图 4-1-3　秩序美的表现

（四）工艺美

精美的印刷、精美的造型通常指的就是工艺美，可见工艺美常常在印刷、造型等方面体现出来。随着科技的快速发展，工艺技术也在不断发展，体现在我们生活中就是越来越多的超薄电视和超薄手机的出现。这是生活中的工艺美（图4-1-4）。不锈钢金属的抛光工艺、磨砂工艺和拉丝工艺等则体现了工业上的工艺美，给人以美的享受。在家居中，一些特殊的木材经过热加工后可以形成特殊的造型，能像对金属等其他材质进行弯曲塑形，同样也体现了工艺美。工艺美常常代表一种独特的工艺技术，是现代技术美的重要支撑。

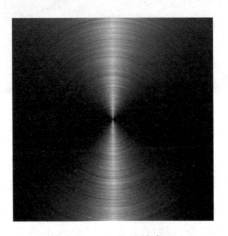

图 4-1-4　工艺美的表现

（五）机械美

机械美还包括机械结构和机构的某些外部美学特征，如齿轮的周期性起伏波动、螺纹的盘旋式单向进动、转动与往复运动的多义象征、机械零部件边角线条的简约与精密以及机器表面的金属纹理与色泽等。这些特征都可以通过具象手法直接运用于设计创作。

机械美代表了一种单纯、理性的性格。现代设计为了突出材质美和工艺美，在造型上很简洁也很理性，往往是单纯的几何形态。这逐渐形成一种造型风格。德国包豪斯时期所主张的理性风格就是典型代表。这种理性的审美情趣，配以精美的加工工艺，成为高科技产品的主要造型风格（图 4-1-5）。我们今天所看到的和使用的高端电子产品，呈现出的基本都是这种理性单纯风格的机械美。这种美学风格的手表、手机、电脑、家具、厨具、日用品等随处可见。

图 4-1-5　机械美的表现

（六）高级功能美

高级功能美是指设计使产品显示出一种与众不同的能力，它是基于对产品的使用感受和体验后产生的一种由衷的钦佩、赞叹和欣赏。如汽车上飞翼式的上开门、可升降的底盘、可随方向盘转动的前大灯等（图 4-1-6）。还有一些功能集成式的穿戴设备、先进的智能手机等都具备这种高级功能美的特性。

图 4-1-6　汽车中高级功能美的表现

以上这些技术美，大大丰富了美的内涵，同时也为我们的装饰图案设计开拓了一片广阔的天地，使得装饰图案设计更加契合于现代生活和现代的审美价值取向。美的多样性反映了美的复杂性，随着社会的发展，还有更多的美的奥秘等待着我们去研究和挖掘。

第二节　服用纺织品图案设计审美意识

什么是美？从古至今对于美的研究从没有停止过，在众多对于美的理解中，《论艺术之永恒》给出的解释具有高度的概括性：美是引起人类生命主体精神有益性的整体和谐与统一。具体给出美与丑的严格界限是不现实的，毕达哥拉斯便把音乐中的和谐的道理推广到其他艺术领域，寻求什么样的数量比例会产生美的效果，由此人们便发现了对于艺术审美产生深远影响的"黄金分割线"，后世研究美学形式主义的萌芽便由此展开。保罗·兰德曾经说过："如果没有美学的支撑，设计就是一堆庸俗乏味的复制品，或者是一团杂乱无章、哗众取宠之物；如果没有美学，电脑就是一部死气沉沉的机器，毫无意义地快速制造产品。总之，不是华而不实，就是粗鄙不堪。"美对于产品设计的重要性可见一斑。

对于产生出美感和好感的客观事物，人们通常都会给予着意的关注和细致体验。人对客观事物的美感和好感给予着意关注和细致体验的行为，就称为审美。审美，是人对客观事物的美感和好感所进行的细致感受和深入认识的行为。在文化层次上，审美分为欣赏和鉴赏。

综上所述，服用纺织品图案设计的审美意识可以从两个方面进行概括。一是从形式上进行美的创造。美的事物并不是凭空产生的，它是基于某种物质而存在。审美意识的培养首先要从美的事物入手，即服用纺织品图案形式上存在的美感。二是从意识上进行美的鉴赏。美的事物于存在的前提下需要被感知，需要对其本身存在的美进行挖掘，就是从意识形态上对美进行分析、认知。

第三节　服用纺织品图案设计的美感因素

服装出于造物穿用的目的，其活动是设计师围绕人体概念展开的，对于人体的美好的展现和修饰，是服装艺术作品的重要内容。服装艺术上的重要内容之一就是附统于人体形态的穿用，而自古至今人体的形态特征变化是相当缓慢的，服装穿用的方式也没有发生大的转变，因此服装艺术作品的形式美就显得非常重要，从形式和内容的变化程度看，服装艺术的形式大于内容。服装艺术的形式因素既包括服装的外表形式，即服装外表展现出来的造型、色泽、精密度、平整度、光洁度、手感和各种装饰成分，也包括服装的内部形式，即服装的材料之间内部结构和组合方式。前者对应服装的款式、色彩和面料设计，后者对应服装结构设计。

服用纺织品图案设计需要根据特定的条件，事先进行构想与酝酿，把平时积累的素材按照服装设计者的意图加工形成初步形象。这个过程我们称为构思。构思是设计的第一步，对设计作品成败具有重要意义。我们生活的自然环境与社会环境为我们提供了无数的形象与素材，这些都是我们设计的灵感来源。一般来说对这些形象的印象与感觉，是表面的、肤浅的，构思的作用就是使感觉到的素材通过思维增强理解，设计构成比较具体完善的形象。构思同时也贯穿于整个设计过程，从题材的选择、风格的酝酿、构成形式的确定、色彩技法的表现，到材料、生产工艺，构思中都会涉及。

服用纺织品图案美感因素是服用纺织品图案设计的前提。从某种程度上讲，服用纺织品图案是以美为目的的，所以服用纺织品图案的构思是美的创造过程。

美感，是一种心理感受，强调的是一种心理体验。服用纺织品图案的美感主要来自感官传递的信息，从而引发一种心理上的感受。从心理的需求角度来讲，美感的获得与形式上的多样与统一的协调程度有关，过分的多样与过分的统一都会造成不适或乏味。从设计的角度讲，美感的获得与图案的造型、空间布局、色彩搭配、工艺手段的运用以及服装款式的协调有关。这里我们就从这几个方面来分析服用纺织品图案设计中的美感因素。

一、造型的美感因素

造型的美感因素属于视觉的范畴，通过视觉的感受来产生美感。造型包括形态的外部轮廓与内部结构，是服用纺织品图案的重要因素，也是图案构成的重要依据。从形式美的角度来讲，有以下形式。

（一）对称

对称又称均齐，是常用的造型形式之一。对称是指视觉中心两侧，或上下，或左右，呈镜照一般的对应关系。对称作为一种美感形式有其客观的根源。自然物象的结构通常是对称的形式，如人、动物、植物的花叶等，从结构上来看都具有对称的特性。对称的形式具有稳定而庄严的特性。图案中的对称形式严谨而饱满，很多经典花型的造型都是对称的，如波斯纹样、联珠纹样等。服用纺织品图案中对称的形式与人体的对称结构有较大的关联。

（二）均衡

均衡又称平衡，是指视觉中心两侧的视觉要素分量相当，而达到一种心理上的稳定感。图案的均衡是一种心理的判断。可以说，对称是平衡的绝对形式。绝对形式往往更具约束感、秩序感，而变化多样的平衡形式更具活泼生动的特点。自然物象的运动状态通常是平衡的。平衡为对称提供了更多变化的可能性，能够适应更多人的心理需求。

二、空间的美感因素

服用纺织品图案的设计讲究空间的布局，空间布局很大程度上影响视觉的美感。不同款式的服装，可设计的图案空间的形状、大小都不一样，而图案大多又是通过形的组织来形成的，空间上形的位置、形的大小、形的疏密、形的方向等都是形的空间关系的表达，从美感的经验上来说，讲究主次、呼应、节奏、韵律、对比与调和。

（一）主次

主次是指空间关系上的秩序，要有视觉中心或主体花型、主体色彩。突出主体的方式有多种，比如通过位置的安排来分主次，主要的要放在视觉中心的主要位置；再如通过面积的大小来分主次，面积大的会成为视觉的主体；还可以通过色彩的运用来分主次，主要的色彩纯度高，次要的色彩纯度低。

（二）呼应

呼应是指空间关系上要有联系，不能孤立，无论是形还是色，都要有呼应。通过形的重复出现或是色彩的重复出现，来建立空间上的左右、上下等位置的联系。呼应可以让设计更加具有完整性。

（三）节奏

节奏是指空间关系上形成的一种规律。节奏是客观事物运动的重要属性，具有整一的运动特征，是一种合乎规律的制度化的运动形式。从表现形式上看，图案的节奏有重复节奏和渐变节奏。

（四）韵律

图案的韵律是建立在节奏的基础之上的，节奏是简单的重复，而韵律是富于变化的节奏，是既有内在秩序，又有多样性变化的复合体，是重复节奏和渐变节奏的自由交替。

（五）对比

对比是变化的一种形式，强调在艺术造型中某些要素性质相反时所产生的差异性，诸如形态的大小、虚实、疏密，色彩的灰艳、深浅等均属于对比。对比可以突出图案某部分的个性特征，使其在视觉上更加强烈突出。对比的空间关系可以使画面更加生动而富有变化。

（六）调和

调和是指空间关系上的一致性，造型诸要素之间有十分明显的协调性，统一性在其中得到了高度的表现。常用的方法有相似、类同。调和的空间关系是一种有秩序有条理的形式，在视觉上达到和谐宁静之感。

空间的美感形式不是绝对的，不同的空间布局，视觉效果上会有很大的差异。空间的布局还要与服装的形态和面料的质地相适应。从服用纺织品图案的设计程序上来讲大体有两种：一种是先设计面料的纹样，然后根据面料来设计服装；另一种是先设计服装，然后针对具体服装来设计纹样。不同的设计程序，会有不同的设计空间。

三、色彩的美感因素

色彩质感是服装形式美感的重要因素。服装色彩给服装造型和服装材料提供了重要可视因素。对于服装设计者来说，色彩组合的设计方案代表着设计者鲜明的设计风格；对于着装者而言，偏爱某种颜色以及色彩搭配体现了个人气质与个人审美。服用纺织品图案的色彩设计有两个特点：一是有较高的自由度，用色主观性强，可以不考虑自然的色彩真实性，完全从装饰角度来设计，通过色彩的对比、夸张、渐变、模糊等手段来创造各种迷人的色彩，这是图案色彩的魅力所在；二是有限制性，讲究用有限的色彩，表现丰富的效果。这是受到生产工艺方面的制约，比如丝网印花、一色一版，从经济的角度讲，用色不宜过多，所以色彩要高度概括与提炼。这也是图案装饰性的重要特征。

随着现代印染工艺的发展，这种工艺上的限制也在逐渐被突破，比如现在的数码印花可以像喷墨打印机一样把花纹印在面料上，这种不再受制于套色数量的印花方式，使得绘画、摄影作品都能成为面料的纹样，也使得现代服装的图案风格更加多样化。

无论是装饰性的色彩，还是写实性的色彩，图案色彩的美感因素主要体现为视觉上的协调性。这种协调性在于对设计色调的把握。任何色彩的设计，其整体协调性是产生美感的主要因素，是色彩的物理特性与人的视觉审美需求的统一。

另外，服用纺织品图案的色彩美感因素会受季节性与流行性的影响。季节性是指色彩的季节变化，不同的季节，人们对色彩有不同的心理需求。流行性则是指色彩的市场变化，这种变化是可以通过某种手段来引导的。

四、结构与工艺的美感因素

结构与工艺都是服装艺术构成的基础。服用纺织品面料的图案也受到服装设计结构与工艺的影响。没有制作，设计与面材都处于分散状态，不可能成为服装，而结构和工艺在服装的制作过程中占有非常重要的地位。一般说来，准确的服装结构是精确缝纫的前提，精致的服装工艺是结构的保证。工艺美感因素属于技术美的范畴。按工艺分类，服用纺织品面料图案有印染、绣绘、织缀等图案样式。提花、刺绣、印染、编织、贴布、面料再造等均是现代服用纺织品图案的主要实现手段，此外还有手绘图案、机织工艺图案、针织工艺图案、数码印花、热转印图案印花等。由于工艺的不同、材料运用的不同，最终形成服装表面的视觉效果与触感也不同。在实际的运用中，多种工艺结合运用也是常见的，比如编织与印花的结合，拼布与刺绣的结合，或者印花与刺绣的结合。不同工艺的结合，可以丰富面料表面的质感与层次感，提升服装的品质。

五、图案内容的美感因素

前面讲到的美感因素包括了视觉形式美和技术美。这里要讲的还有图案的内容美，满足使用者的精神需求。图案不仅是视觉的形式，也是精神内涵的表达。特定场合的服用纺织品图案需要有一定的寓意，具有特定的象征意义，是表征、寄情的重要手法。如我们都知道的吉祥图案，图案的吉祥内容就是吉祥图案美的重要因素。不同历史时期的主流艺术均会在服装艺术中得以体现，甚至可以说服装本身也是该时期艺术的重要内容。20世纪以来，诸多的经典艺术和现代艺术的表现形式和构成方式均为现代服装设计所借鉴采用。

第四节　服用纺织品图案设计的形式美法则

形式美法则经常被提及，它可以涵盖我们看到的各种物形形态和物理属性的美，即形状、色彩、线条的美。可以说任何事物的美，都包括内容和形式两个方面。造型与色彩的美感形式有一定的规律。根据这些规律得出的原则，便是形式美法则。对形式美法则的探讨是艺术的共同课题，也是服用纺织品图案设计中不可缺少的重要内容。

一、统一与变化

统一与变化是宇宙万物运动变化的规律，是对立统一的根本法则，也是服用纺织品图案艺术构成的基本法则。

大千世界，五光十色，自然界中的一切事物都充满着多种多样的变化，但又统一于某种形式之中。这一法则体现了自然和人类的生存原则。在自然界中，植物的生长，花开花落；一年四季，春夏秋冬周而复始；星辰日月，循环往复交替出现，这一切都是在有序中运动变化的。

在人类社会也如此。任何事物都变化复杂，但又相互联系，相互依存，相互制约，形成一个变化的统一体。同样人们对艺术作品的欣赏，对艺术的审美感受，更是如此。多样与统一的形式，才能产生鲜明强烈的艺术魅力，给人以精神上的愉悦、美的享受。从心理学、生理学角度讲，对过分杂乱的物象，会使人类的视觉系统负荷过重，而难以被接受；千篇一律的物象，难以引起注意，唤起愉悦。因此，人类偏爱那些既有整体观感，又富于变化的多样与统一的式样。而统一，是赋予造型、条理、秩序、和谐于造型艺术设计中。如把各种海螺生长结构具有秩序美的设计要素有机统一起来，才能达到形式上的统一和完美（图4-4-1）。

图 4-4-1　海螺具有统一与变化的秩序美

变化能激起新鲜感、新颖、意境，使视知觉享受到持久的美感。在变化与统一中，变化是通过一定比例尺度制约主次关系，合理安排，平衡配置，协调一致，是对比与调和、对称与平衡、条理与反复等各种形式法则的综合运用，在杂乱中显现秩序，在多样中创造统一。从造型要素之间无秩序性整理出有序性、合理性，实现从不稳定到相对平衡，从局部到整体，从一般到完美。

（一）统一

统一是指事物的性质相同，又指构成要素之间的相同相似，有机地组合，趋向一致。特点是庄重、严肃、稳定。处理不当，则会造成呆板、乏味、单一。

①同质要素的统一：表现为简洁有序，整齐性强，但又易于造成单调乏味、一般化等。

②类似统一：构成要素间有相似、类似的因素，容易统一。如造型类似、色彩类似、明度类似等，又有一定的对比因素的构成，在类似的共性中，创造出调和。

（二）变化

变化是指事物性质的相异，是各个组成部分的区别、变化，是客观存在的。在造型艺术设计中指对比的因素。

质要素对比：是指构成要素有对比的性质，而产生强烈的变化，如造型上的方与圆，大与小；线条的粗与细、曲与直、长与短；色彩上的红与绿、冷与暖、明与暗等，还有构图位置上的高与低、疏与密、虚与实、强与弱、聚与散；感觉上的远与硬、粗糙与光滑、主与次、动与静及不同的表现手法等。以上这些构成要素都是客观存在的，也是变化的。在一幅作品中，如何去安排这些过于变化的要素，在迷乱中整理出秩序，找出合理性，灵活运用变化与统一的基本规律，是构成图案、图案与服饰美的基本条件。在服用纺织品图案的设计中，对图案形式美的运用和构成要素的组合关系的合理搭配，表现手法的统一，是构成服饰与图案和谐关系的重要因素。设计既要充分考虑图案的构成要素，又要适合服饰整体风格的要求，彼此呼应，相互联系。

服用纺织品图案是从属于服装的，无论哪一种服装都有其自身的特定性，比如一定的材料、制作工艺、适用功能、适用环境、穿着对象、款式风格等，所以服用纺织品图案的设计必须考虑这些综合因素，进而整体设计，构成完美的服用纺织品图案，给人以美感和舒适性。

二、对比与调和

对比的目的是为取得对立统一。对比与调和是共生存的整体，在对比中求谐调，在谐调中求对比。对比与调和是构成图案的基本手法，是变化与统一的基本规律的具体化，它同样集中体现艺术原则的性质，并普遍存在于艺术活动中。

（一）对比

对比指性质相异的要素之间的相对比较、差异，又指造型艺术构成要素之间的差异，如方与圆、大与小；色彩的对比，冷暖；量的对比，多与少；质感的对比，坚硬与松软、光滑与粗糙等。由此造成多种变化，产生对比，其特点是醒目、突出，效果生动。在图案中指相异、相悖的因素组合而产生差异的视觉效果，是对比的一种方式。在设计中可以通过加强对比力度或减弱矛盾方面对立强度，最充分表现图案的形式特征，传达隐喻的内涵。

（二）调和

调和有广义和狭义两种解释，指同一类似的构成要素的组合关系，如在设计中色彩相同或类似、近似组合等。减少差异现象，趋向一致，是对比的内在秩序，同时又是对比适度的标志。调和又是趋于统一，使相近的因素达到最适度的状态。对比调和在图案中的反映，有形式的对比调和、色彩的对比与调和、表现手法的对比调和。

可以说，没有对比就没有艺术，在艺术形式上没有对比，作品就缺乏力度、强度，缺乏震撼力。没有调和，艺术作品缺乏整体感，缺乏氛围和意境，缺乏美感和韵味。在服用纺织品图案设计中，服饰与图案是一种对比与调和的组合关系，图案在服饰中起着修饰、点缀、强调、醒目的对比作用。反之，服饰的整体设计又制约着图案设计，图案要从服饰总体风格等综合因素去考虑、设计，才能达到既对比又调和。因此，如何把握对比与调和的形式美是服用纺织品图案展现出生命力的关键所在。

三、对称与平衡

对称与平衡是美的形式之一。这种形式来自于自然界，宇宙万物始终在不停地运动变化着，同时又具有相对的稳定性，处于平衡状态。从造型艺术角度讲，造型稳定会给人安定、协调感，反之则给人不安定、紧张感。稳定性满足于人的生理与心理的要求，因而具有普遍的审美意义。稳定性表现在造型艺术中，即造型要素中的形、色、质等要达到平衡状态。视觉艺术图案中的平衡，不是物理学上的平衡，是从人的视知觉出发，产生感应的力的平衡状态。

（一）对称

对称一词源于希腊文"symmetros"，原意是同时被计量，实际上的意义是指两个以上的部分绝对相等，英语是"symmetny"（对称）。对称是一种最容易达到统一的平衡形式。对称以相应部位的等量为基本特征，对称有绝对对称、相似对称两种形式，对称种类有以下两种。

1.轴对称

轴对称图形以对称轴为中心，左右上下或倾斜，并置的结构项形成镜式反映对称关系，是同形同量的组合关系。对称是自然界相当普遍的构成形式，如植物生长，动物、人类等整体骨架和外形结构都呈对称状态。这种形式最稳定，是绝对完美的形式。

2.相似对称

相似对称是在整体对称的结构中，局部采取动势感，形成变化，以取得生动活泼、富于变化的形式。

（二）平衡

平衡在视觉艺术中是指视觉和心理体验，以相应部位的不等形、不等量为基本特征，是一种动态平衡。

（1）以对称性平衡为基础，调整形态结构成为非对称构成。

（2）以性质各异的形，以视觉感知，从形体、形状、大小、材质、色调、内质的感知中所判断的平衡感觉，以获得预想的平衡效果。是对设计因素等方面进行调整，以求得统一，而富于变化的视觉效果，是异形同量的组合。

对称与平衡的形式在服用纺织品图案中的运用广泛。一是保证图案自身的构成形式的优美和谐，又必须适合服饰的要求，与服装的整体设计保持一种平衡关系。图案作为服饰的一部分，始终是围绕服装并以人为主体进行构想设计，所以图案总是以局部小面积服从于服装整体风格的要求，不能喧宾夺主，是局部—整体、整体—局部、局部—整体的这样一种统一的和谐关系。

四、条理与反复

条理是服用纺织品图案构成整齐秩序美的基础，是变化中的统一，是在变化中求得协调一致的表现形式。条理就是秩序性，是将复杂纷纭的自然物象组织成有秩序性的、装饰美的图案形象，表现出整齐、一律的美。在服用纺织品图案设计中，是将复杂的各种形式要素组织成有秩序的基本元素，是将视觉形象秩序化，是将设计中的基本元素有秩序地反复出现排列组合，有规律地连续与延伸，有组织地进行变化与拓展，使设计主题得以强化，增强视觉的艺术效果。条理是图案设计中最基本的艺术原则。

条理与反复的原理来源于生活中的重复现象。例如，人们的劳动实践和对自然物象的观察和体验，日月星辰，春夏秋冬，周而复始，往复交替，无一不昭示着条理与反复的客观规律及其产生的美感。条理包含着反复的因素，反复是条理的主要体现形式。条理与反复是产生节奏感、韵律美的基础。韵律是变化的反复，是重复的基本形，以转折、回旋、正反、渐变、发射等手法构成条理与反复的变化形式，产生优美的律动感和韵律美，具有很强的空间视觉效果。在设计中连续不断地使用相同或近似的元素，有规律地反复出现叫重复，是阶段性的递增或递减，是把视觉形象秩序化、整齐化，增强了视觉效果，又具有整齐一致的机械美的特点。

五、比例与尺度

比例与尺度在人类的造物活动中是构成器物美感的重要因素，良好的比例可以造成器物合乎逻辑的整体和谐的比率关系，有一定的秩序性。

比例在古代希腊就已被发现和运用。这就是著名的黄金比例，古往今来被艺术大师、设计师广泛应用，以黄金比为基础的构成，是严谨而富于形式美感的结构形式，即1：0.618。比例的形式来自于自然，从宇宙中精密运动的天体，到矿物质的奇妙结晶，到美丽有序的花朵、羽毛，到人类自身的人体结构，都具有美的比例黄金分割率，无不向我们展示着大自然创造的规律和自然秩序。在人类所有的发明创造活动中，无一不是人造秩序的成果。可以说人类是在秩序的构筑中发展的。

现代设计与高科技密不可分，追求简洁而又精密的造型结构，追求强烈的律动感。这是现代审美的重要特征，但是，比例在某一时期又会随着人们的审美要求而发生变化，会产生新的比例与尺度。

六、节奏与韵律

节奏，在图案里指线条、块面、色彩等造型元素的规律性重复排列。它是人们的视线在时间上所做的有秩序的动作过程。在这个过程中，不同的造型、色彩等元素的交替或重复出现，就给人以强弱有致、舒缓有序的节奏感。装饰图案设计中通常利用一个基本元素、单位或纹样组合的反复和连续展现或使用来营造一种节奏感。

韵律，原来是指音乐、诗歌中的声韵和节律，和谐为韵，有规律的节奏为律。在装饰图案中，韵律主要是指造型、色彩等要素有规律、秩序性的排列或组合，使之产生既和谐统一、又富于变化的艺术效果。

形式美的节奏与韵律法则反映出事物中最优美的一面。现实生活中这种带有渐变式的重复不胜枚举，比如一片树叶锯齿形的外形、"千手观音"舞蹈的千手、远处起伏的山峦、通往高处的台阶和线条流畅的海洋动物等。节奏和韵律法则在建筑中也得到了广泛的应用，如巍峨蜿蜒的长城、教堂的穹顶、扭动的旋梯等，处处散发着节奏和韵律的魅力。现代产品造型中，仿生造型、流线型造型等风格，也秉承了节奏和韵律的形式感。

服用纺织品图案设计中运用形象排列组织的动势，形成有一定的秩序性、具有律动感的运动感图形，如由大到小，再由小到大；由静到动，再由动到静；由曲到直，再由直到曲。节奏强调的是一种规律的变化，但是这种规律的变化，必须建立在和谐、整体、秩序的基础上，这样才能表现出作品的内在气势和强烈的艺术感染力。

第五章　服用纺织品图案设计的色彩

本章讲述服用纺织品图案设计的色彩，主要有服用纺织品图案色彩的基本性质、服用纺织品图案色彩设计的基本原理和方法、影响服用纺织品图案色彩的因素、流行色与服用纺织品图案设计等内容。

第一节　服用纺织品图案色彩的基本性质

一、色彩的基本知识

色彩在图案中起着至关重要的作用。色彩能通过观者的眼睛引起人们的心理反应，如柔和的浅蓝色调让人感觉宁静、平和，浓烈的红色调让人热血沸腾。在一幅设计图案中，除了每个颜色有着特殊的个性外，色彩与色彩之间的关系处理也影响着整个图案的色彩和谐程度。

（一）色彩三要素

大自然的颜色千变万化，极为丰富。我们可以将其大概分为无彩色系和有彩色系两大类。

无彩色系是指白色、黑色以及由白、黑两色混合而成的不同深浅的各种灰色。有彩色系是指红、橙、黄、绿、青、蓝、紫等颜色，以及具有上述色彩倾向的不同明度与纯度的颜色。有彩色系中的一切颜色都具备色相、明度、纯度这三种基本属性，简称色彩的三要素。

1.色相

色相是指色彩所呈现的相貌特征，是能够比较确切表示某种颜色色别的名称，如大红、玫瑰红、橘红、深蓝等。

红、橙、黄、绿、蓝、紫等颜色是具有基本感觉的色相，将上述各色按光谱顺序进行等色相差的环状排列，即可组成高纯度等色相差的色相环。以色相多少可分为六色、十二色、二十四色色相环等。

2.明度

明度是指色彩的明暗程度。色彩的明度表现于两个方面：一是各色相的不同明度。在红、橙、黄、绿、蓝、紫等纯色中，黄色明度最高，紫色明度最低。二是同色相的不同明度。同一色相加白可提高明度，加黑混合则降低明度；加白越多明度越高，加黑越多明度越低。

在服用纺织品图案色彩应用中，通常应用一个判断明度差的明度色标。以白色为最高明度的十度色标，以黑色为最低明度的零度色标，中间是由高到低等差排列的九级灰色。

3.纯度

纯度是指色彩的鲜艳纯净程度。可见光谱中各单色光是最纯的极限纯色。但每一色相纯度都不同。红色的最纯色较绿色的最纯色要更纯净、鲜艳，即纯度更高。

每一种色相加白或黑，都将提高或降低明度，同时降低纯度。若在每一色相中混入不等量的与该色同明度的灰色，也可以降低其色相纯度，混合出与该色相不同纯度而明度均等的含灰色。依此原理．可制出各色相的纯度色标。

首先，确定某色相并选出其最高纯度色，定为十度；然后，再用白、黑两色混出与该色明度均等的中性灰色；继而，用该色与黑色不等量混合，混入的灰色由少到多依次增加，则该色纯度依次递减，直至零度灰色。以纯色为最高，灰色为零度，中间含灰色依次等差排列，则构成纯度坐标。

在服用纺织品图案色彩配置训练中，熟悉掌握色彩三要素，进行色相环、明度序列、纯度序列的分项练习，进行色彩三要素的综合应用，是极为重要的。处理好色彩三要素之间的关系，是一切图案色彩设计成败与否的关键。

（二）色彩的基本性质

1.装饰性

色彩对于服装具有明显的装饰效果。令人赏心悦目的色彩搭配毫无疑问会使服装脱颖而出、引人注意。人们对自己喜爱的色彩的服装常常会忍不住近距离观瞧，而对自己不喜欢的色彩的服装则会一掠而过。流行色机构正是利用色彩的这一特点来引导色彩的流行变化，通过发布新的流行色趋势来引领人们对服装的消费。

2.实用性

色彩有助于保护身体，抵抗自然界的伤害，以及起到安全、警示的作用。例如，深色衣服可以更多地吸收光和热量，浅色衣服则可以更多地反射太阳光，利用这一点可以进行季节性服装的设计；色彩明亮鲜艳以及有荧光色的衣服易于吸引人们的注意，利用这一点可以进行舞台展示服装的设计以及特种服装的设计。

3.社会性

在古代，不同的服饰色彩标志着不同的社会阶层，因此穿着不同色彩的服装意味着身份地位的不同。例如，在中国古代，黄色是皇家服饰的专有色彩，红得发紫即源于达官贵族的服饰色彩；白衣秀才指的是平民百姓。即使在现代，色彩已经不具有那么强的限制条件，但是通过服装上标识性的设计仍然可以表明其社会归属性，比如通过一个人的服饰色彩也能够大约判断出穿着者的年龄、性别、性格、职业和审美喜好等状况。

二、服用纺织品图案色彩的特性

色彩是服用纺织品图案的重要组成部分，在整体美中起着先声夺人的作用。所谓"远看色彩近看花"，人们的视觉总是先敏锐地捕捉到色彩，其次才看到服用纺织品图案的造型、结构、材质和工艺。因此，在服用纺织品图案设计中，色彩设计具有重要意义。孤立的色彩是不存在的。服用纺织品图案的色彩美在于它与图案造型、结构、材质、工艺的完美统一，在于它与服装、服装附件、服装配件的完美搭配，在于它与着装人生理、心理、工作和生活环境的高度融合。

服用纺织品图案的色彩设计，是一项融物理学、化学、生理学、心理学、美学等学科于一炉的浩大工程，其研究范围甚广，受到的制约因素也多。服用纺织品图案的色彩，具有鲜明的特性。

（一）服用纺织品图案色彩的从属性

由于服用纺织品图案在服装整体中是一个局部，所以服用纺织品图案色彩与服装色彩构成宾主关系，服用纺织品图案色彩从属于服装色彩。服用纺织品图案的色彩设计，必须以服装色彩为主调、背景，在保持对应关系的前提下，来确定自己的具体面貌。

1.大协调法

当服用纺织品图案的色彩就是服饰的色彩，即满花图案面料制成服饰时，服用纺织品图案色彩便与服饰色彩交融无间，彼此统一甚至同一（图5-1-1）。

图 5-1-1　统一色彩

如果局部的服用纺织品图案色彩与整体服装色彩属于同色相、邻近色、类似色，服用纺织品图案色彩与服装色彩依然是协调的（图5-1-2）。

图 5-1-2　相邻色彩

2.大协调、小对比法

当大面积的服装色彩之间协调，小面积的服用纺织品图案色彩与服装色彩构成强烈对比关系时，服用纺织品图案便从服装上凸显出来，具有鲜明、强烈的视觉效果，富有装饰意味（图 5-1-3）。

图 5-1-3　色彩大协调、小对比

3.大对比、小协调法

如果大面积的服装色彩之间构成对比关系，小面积服用纺织品图案色彩从属于局部服装色彩，与局部服装色彩融为一体时，则服用纺织品图案色彩烘托、陪衬了服装色彩基调。此外，若大面积服装色彩之间对比，小面积服用纺织品图案色彩与其背景部分服装色彩对比，与其他位置服装色彩协调、呼应时，则此种色彩布局方式于服装整体效果依然是协调的，同时也充分体现了局部图案色彩于整体服装色彩的从属性（图 5-1-4）。

图 5-1-4 色彩大对比、小协调

（二）服用纺织品图案色彩的装饰性

服用纺织品图案色彩与服用纺织品图案自身一样具有审美作用，体现装点、修饰的特点，即装饰性。装饰色彩源于自然，但与写实色彩相比较，还是具有鲜明个性。服用纺织品图案的色彩不以真实再现自然色彩为目的，也不受自然色彩限制和束缚。它是应用自然色彩中关于色相、明度、纯度的对比调和规律，采用简练、单纯、浪漫、夸张的手法形成多变的色彩组合。根据设计需要，服用纺织品图案色彩可随意换色、变色，既可以花红叶绿，也可以花绿叶红。服用纺织品图案的色彩组合方式是无限的，但其色彩设计受到装饰功能、装饰材料、装饰工艺的制约。因此，作为服用纺织品图案的色彩设计师，应遵循实用、经济、美观的原则，尽量以最少的色彩体现最丰富的色彩关系，从而减少制作工序和成本消耗。在设计中为了控制色彩的数量，我们通常以简练、明快的色彩来表现图案形象，减少色彩的过度处理，尽量做到单色平涂，用有限的几套色来概括丰富的色彩层次。色彩的装饰性，主要是指色彩的鲜明性和典型性，要求配色时充分运用色彩的各种组合关系，最大程度地发掘色彩配合的可能性与多样性。这就要求配色时，发挥设计师的主观意识，强调对色彩进行概括和提炼，色彩的概括提炼越到位，色彩的装饰性就越强。

根据色彩构成的基本原理，表现色彩的多样变化主要依靠色彩的对比，使变化和多样的色彩达到统一主要依靠色彩的调和。在设计中，只有各种色彩相辅相成，并取得和谐关系时才能达到美的境界。因此，在服装面料图案设计的色彩搭配中，我们应结合设计主题、风格的特点，以及当季流行色和目标消费人群的喜好等因素，对不同的色彩在空间位置、面积比例上，进行有秩序、有节奏的和谐统一的设计搭配，做到彼此相互联系、相互依存、相互呼应，从而达到和谐的色彩效果。

（三）服用纺织品图案色彩的象征性

服用纺织品图案的色彩，是反映人类思想情感、时代文明与社会风貌的一面镜子。色彩设计以人为本。不同的时代、不同的民族、不同的人，由于生活方式的差异，地理环境的不同，文化修养、风俗习惯的区别，对色彩有着不同的审美标准和情趣。这也就自然造成了每个国家、每个民族、每个时代会有各自不同的传统色彩和习惯使用的基本色彩。所以在进行色彩设计时，深入分析研究这些社会现象和民俗风情，充分了解不同图案色彩的象征性和审美心理是十分必要的。色彩被用以"等贵贱，别尊卑"表明着装者的身份地位，是自古以来世界通有的现象。黄龙是帝王身份的徽记，红五角星为革命的象征，都是特定历史、文化、社会环境形成的产物。以清朝暖帽为例。清朝不以帽式区分等级贵贱，而以帽之项珠作为区别官级的重要标志。一品官顶红宝石，二品官顶红珊瑚，三品官顶蓝宝石，四品官顶青金。不同的宝石闪烁不同的光彩，昭示不同的身份。只有熟知服用纺织品图案色彩的象征性，掌握人们认识色彩和欣赏色彩的心理规律，才能合理地使用色彩来装饰美化人们的生活，使设计的产品适应时尚潮流，提高人们的审美水平。

（四）服用纺织品图案色彩的实用性

服用纺织品图案色彩的实用功能，是在自然科学引导下，依据色彩原理，从人的视觉生理系统出发，根据人的工作特点和心理需要所产生的功能。

1.服用纺织品图案色彩与服装类型

不同的色彩具有不同的品格、情感，不同的色彩组合适用于不同的服装类型。

运动装的图案色彩纯度高，色彩对比强烈，营造出鲜明、热烈的视觉感受，既与运动员在竞技场上竞技的气氛吻合，又易于队员、裁判和观众辨认。以此类推，则淡雅、明快的图案色彩适用于休闲装，庄重、典雅的图案色彩适用于正装、礼服，温暖、厚重的图案色彩适用于冬装，凉爽、清淡的图案色彩适用于夏装（图5-1-5、5-1-6）。

图 5-1-5　夏装

图 5-1-6　冬装

2.服用纺织品图案色彩与着装者

生活中的人是有个性的，其生理特点、性格气质、文化修养乃至身份地位和生活方式各有不同，就决定了他们对服用纺织品图案色彩的嗜好与选择不同。

柔和、素雅的图案色彩适用于内向性格、细腻、成熟的着装者，鲜艳、明快的图案色彩适用于外向性格、爽朗健康的着装者，明亮、温暖的浅色图案适用于瘦小型着装者，灰暗、清冷的深色图案适用于胖体型的着装者。

（五）服用纺织品图案色彩的差异性

所谓服用纺织品图案色彩的差异性，是指由于服装面料的差异而造成的服用纺织品图案色彩效果的不同。不同原材料和不同加工工艺的各种面料，其物理性质和组织结构不同，所呈现的肌理效果各具特性。

通常情况下，丝织物如丝绸、锦缎等面料质地光滑，组织细密，折光性极强，色彩效果华丽、鲜亮，色彩明度和纯度都很高。而棉布的质地粗糙，组织疏松，折光性极弱，色彩效果沉稳、朴素，色彩明度和纯度都偏低。同样一组黄、紫对比色的图案，在绸缎上显得华彩万千、灿烂夺目，用在棉布上则呈现滞涩、朴拙的感觉。

服用纺织品图案的色彩设计，必须充分考虑服装材料的特点，才能在纸上设计出最接近成品的色彩效果。

三、服用纺织品图案的色彩感觉

服用纺织品图案的色彩感觉是指在观察者头脑里所引起的反应，即服用纺织品图案色彩的视觉心理。不同的图案色彩会唤起人截然不同的色彩感觉，演示着不同的色调风格。色彩在搭配过程中，要形成一个主色调，没有统一调子的色彩，好似节奏旋律杂乱的音乐，无法形成美的享受。色彩美是在色与色组合关系中表现出来的，以红、橙、黄、绿、青、蓝、紫七种颜色构成各种色调，或强烈明快，辉煌灿烂；或纯朴典雅，高贵华丽；或庄重含蓄，富丽堂皇等。色彩的对比与调和是色彩构成的基本原理，表现色的多样变化主要依靠色彩的对比，使变化和多样的色彩达到统一，主要依靠色彩的调和。在设计中，只有各种色彩相辅相成，并取得和谐关系时，才能达到美的境界。因此，在服装面料图案设计的色彩搭配中，我们应结合主题、风格的特点，以及当季流行色和目标消费人群的喜好等因素，对不同的色彩在空间位置、面积比例上，进行有秩序、有节奏的和谐统一的设计搭配，做到彼此相互联系、相互依存、相互呼应，从而构成和谐的色彩整体。

（一）色彩的固有感情

1.冷暖感

红、橙、黄等色令人想到灯光、太阳、火焰，使人产生温暖感，称为暖色。青、蓝等色令人想到湖水、天空，令人产生冷感，称为冷色。色相环中，橙为最暖色，即暖极。蓝为最冷色，即冷极。紫与绿处于不冷不暖的中性阶段。距暖极愈近的色相愈暖，距冷极愈近的色相愈冷。

无彩色总体上倾向于冷色效果，但黑色呈中性感。图案色彩设计中，色彩冷暖感的应用十分关键，它是决定图案色调和色彩对比的决定性因素。大面积的冷色构成冷色调，大面积的暖色构成暖色调。冷暖色的适当对比应用，可增强图案色彩的丰富性、生动性。

实际应用中，冷调服饰图案多用于夏季服装，暖调服饰图案多用于冬季服装。

2.轻重感

色彩的轻重感主要取决于色彩的明度。高明度的色彩接近白色，显得轻盈；低明度的色彩接近黑色，显得沉重。

就色相方面而言，暖色给人的感觉轻，冷色给人的感觉重。当色彩明度、色相相同时，纯度高的色彩感觉轻，纯度低的色彩因含灰量大而显得沉重。

实际应用中，轻感的服饰图案色彩特别适用于女性、儿童和夏季服装，重感的服饰图案色彩常用于男性、成人和冬季服装。

3.软硬感

色彩的软硬感和明度有密切关系。通常情况下，色彩明度越高，感觉越软；色彩明度越低，感觉越硬。但纯白色与高明度的接近白色的浅色相比，软感反而略减。总而言之，掺了白灰色的明浊色具有柔软感，掺了黑的色彩有坚硬感。

实际应用中，软感的色彩轻柔浪漫，适用于儿童和少女的服饰图案；硬感的色彩沉稳、厚重，多用于男性和成熟人士的服饰图案。

4.强弱感

明度和纯度是影响色彩强弱感的重要因素。

暗而鲜明的色彩组合给予人以强烈印象，亮而浑浊的色彩组合给予人以弱感。也就是说，明度低的色彩感觉强，明度高的色彩感觉弱；纯度高的色彩感觉强，纯度低的色彩感觉弱。

实际应用中，强感的色彩组合多应用于运动装、表演装的服饰图案，而弱感的色彩组合更适用于睡衣图案。

5.兴奋沉静感

色彩可以给人兴奋或沉静的感受，从而产生积极或消极的情绪。暖色以及明亮而鲜艳的颜色都令人兴奋，冷色以及深暗而浑浊的颜色都令人沉静。

实际应用中，兴奋色用于运动装、表演装的服饰图案设计，可以渲染欢快热烈的气氛，沉静色适用于医务人员的服饰图案。

6.明快忧郁感

明度和纯度是影响色彩明快忧郁感的重要因素。明亮而鲜明的色彩呈明快感，即明度、纯度越高，色彩越明快。深暗而浑浊的色彩呈忧郁感，即明度、纯度越低，色彩越忧郁。色相对明快忧郁感的影响不很大。相对而言，暖色系的紫红、红、紫等色较明快，而黄、黄绿、绿和青紫等色略呈忧郁。橙、青绿、青等色则显得中性。

实际应用中，明快的色彩应用于参加宴会、舞会的服饰图案上，最为恰当。而忧郁的服饰图案色彩较多应用于气氛凝重的场合，如悼念仪式。

7.华丽质朴感

色彩的华丽质朴感与色彩的三要素关系密不可分，同时，服饰图案的面料、材料质地和有无光泽，都是影响其感觉的重要因素。就色相而言，暖色感觉华丽，冷色感觉朴素。丰富的色相组合显得华丽，单一的色相显得质朴。从明度来看，明度越高，色彩越华丽；明度越低，色彩越质朴。纯度方面，纯度越高的色彩越显华丽，纯度越低的色彩越显质朴。此外，质地细密、有光泽的服饰图案材料可使其色彩呈华丽倾向，而质地疏松且无光泽的图案材料则令其色彩呈现质朴感。

实际应用中，色彩华丽的服饰图案多用于舞台装和泳装、滑雪衫等需要引人注目的服装，而色彩质朴的服饰图案则适合于学校、图书馆、政府部门的制服。

8.分量感

分量感由明度决定，高明度感觉轻，低明度感觉重。

9.色彩的进退与胀缩感

由色彩的冷暖和明度决定。暖色和高明度色给人前进、膨胀的感觉；在如图5-1-7所示，同样大小的色块，红、橙、黄在视觉上明显大过蓝和紫。同时，红、橙、黄还给人前进的感觉，而蓝、紫、黑给人后退的感觉。

图 5-1-7　色彩的胀缩与进退

冷色和低明度色呈现后退收缩感。进退感决定画面层次，偏重于明度；胀缩感偏重于冷暖因素。

（二）色调的组合效果

色调是在整个服饰图案色彩中占主导地位的一个色彩或一组类似色。它在色量、面积、色彩倾向等方面都占绝对优势，从而奠定了整个图案的色彩基调，如冷调、暖调、亮调、灰调、紫调等。

服饰图案的色彩设计必须要有一个整体的色调，使图案中的一切色彩都统一于这种整体关系中，从而营造出理想的色彩效果。

不同的色彩组合会形成不同的色彩语言，从而演变出不同的色彩表情和风格类型。

1.时尚型

黑、白两色是服饰图案的经典色彩，不受流行潮流左右，男女老少皆宜，堪称时尚色彩。

以黑色和白色作为配色主导，再点缀少量艳色和浊色，或者仅仅使用黑、白两色，都可以传达出时尚的服饰语言，简洁而典雅。

黑色为主色调的服饰图案，可体现庄重、坚实感，白色为主色调的服饰图案，体现清爽、快捷感（图 5-1-8）。

图 5-1-8　时尚型

2.浪漫型

清纯、梦幻、柔美是浪漫的特性。浪漫型服饰图案色彩是婴幼儿和少女服饰的最佳搭档。

以浅淡柔和的清色为主导色，再辅以白色或少量浅浊色彩，便是浪漫型的色彩组合。色相方向，多以暖色为主，配适当冷色。明度方面，都属于高明度的亮色。浪漫型的服饰图案色彩，体现了一种缥渺怀旧的情结（图 5-1-9）。

图 5-1-9　浪漫型

3.自然型

轻松、随意、舒适，是自然型色彩的代名词，它们多取材于自然风光，如草木、沙石、湖泊等。

以黄色、黄绿色、咖啡色等为主导色的自然型色彩，取中等明度的色调，再加入米白和少许暗色，便营造出温和、亲切的色彩氛围。

自然型的服饰图案色彩，是轻便服装最钟爱的装饰（图 5-1-10）。

图 5-1-10　自然型

4.古典型

典雅、端庄、沉稳的色彩，洋溢着怀古和怀乡风情。这类型的色彩，属于古典型。

以织物本色为主的象牙白、米色、卡其色、奶油色等以及带有不同色彩倾向的灰色，配以古典纹样，能尽显典雅之美（图 5-1-11）。

图 5-1-11　古典型

以中明度或中低明度的各种茶色为中心，配以土黄、浊绿，则令人想起古典主义的油画。另外，如黑、棕、亚金、深灰、深蓝、暗红、暗紫、墨绿等色也是古典主义的常用色彩。

服用纺织品图案的色彩组合方式是无限的，除了上述几种主要色调类型，还有诸如甜美、兴奋、华丽、清爽、前卫等各种服用纺织品图案色彩类型。但无论是哪一种色彩组合，都应该结合服用纺织品图案的造型、结构乃至服装风格进行设计，才能够达到内容与形式的完美统一，即风格统一。

第二节　服用纺织品图案色彩设计的基本原理和方法

一、纺织品图案色彩设计的原理

（一）光与色

色彩是光刺激视神经所引起的视感觉，是最具情感表现力的服饰语言。

人的色彩感觉来源于光，人们凭借光才能看到物体的色彩和形状。光线、物体、视觉是产生色彩感觉必不可少的三个条件。

物体色是物体在光的照射下所呈现的颜色。各种物体可以选择性地吸收光、反射光、透射光，它所反射的色光就是物体的固有色。

（二）色彩的混合

两种或两种以上的颜色相互混合称为色彩混合。混合后构成的新色叫混合色。色彩的混合分为色光混合和色料混合两大类。

就光学物理而言，色相是由于光的波长不同而产生的。太阳光通过三棱镜的折射，投射到白墙上，就呈现出由红、橙、黄、绿、青、蓝、紫等色光组成的鲜艳光带，又叫光谱。如将以上色光混合，则又变成白光。色光混合可提高混合色明度，称为加光混合。

色料即颜料色，颜料色的相互混合将降低混合色的明度，称为减光混合。服饰的色彩配置与色料直接混合、透明色料混合和空间视觉混合都有密切联系。

1.色料直接混合

（1）原色

原色亦称第一次色，是指能混合成其他色彩的原料，即不能通过其他颜色的混合调配而得出的基本色，也称三原色。红、黄、蓝三色之所以被称为三原色，就在于这三种颜色是调配其他色彩的来源。以不同比例将原色混合，可以产生其他的新颜色。

以数学的向量空间来解释色彩系统，则原色在空间内可作为一组基底向量，并且能组合出一个色彩空间。一般来说，叠加型的三原色是红色、绿色、蓝色；而消减型的三原色是品红色、黄色、青色。在传统的颜料着色技术上，通常红、黄、蓝会被视为原色颜料。

（2）间色

间色亦称第二次色，是两种原色调和产生的色彩，即（品）红、（柠檬）黄、（不鲜艳）蓝三原色中的某两种原色相互混合的颜色。三原色中的红色与黄色等量调配就可以得出橙色，黄色与蓝色等量调配则可以得出绿色，而把红色与蓝色等量调配得出紫色，即红＋黄＝橙，黄＋蓝＝绿，红＋蓝＝紫。

当然，三种原色混合调出来就是黑色。在调配时，原色在分量上稍有不同，就能产生丰富的间色变化。

（3）复色

复色亦称第三次色、次色或三次色。复色是用原色与间色相调或用间色与间色相调而成的。复色是最丰富的色彩家族，千变万化。复色包括除原色和间色以外的所有颜色。复色可能是三个原色按照各自不同的比例组合而成的，也可能由原色和包含另外两个原色的间色组合而成的。

因为复色含有三原色，所以含有黑色成分，纯度低。

（4）补色

补色又称互补色、余色、强度比色。

三原色中的一个原色与其他两原色混合成的间色关系即互为补色的关系。如原色红与其他两原色黄、蓝所混合成的间色绿，为互补关系。在色环上，任何直径两端相对之色都称为互补色。

一种特定的色彩总是只有一种补色，做个简单的实验即可得知。我们用双眼长时间地盯着一块红布看，然后迅速将眼光移到一面白墙上，视觉残像就会感觉白墙充满绿（青）色。这种视觉残像的原理表明，人的眼睛为了获得自己的平衡，总要产生出一种补色作为调剂。

2.透明色料混合

透明色料包括水彩颜料、印刷油墨颜料、印染染料等。

透明色料的补色混合时，若双方明度不同，则可以混合出含灰色、深灰色或黑色，必须予以重视。

透明色料的混合通常是以叠置方式进行的，因此有底色和面色之分。底色对混合出的色彩影响较小，面色影响较大。也就是说，面色更接近混合出的颜色。

3.空间视觉混合

空间视觉混合是指各种颜色的反射光快速地刺激人眼后在视网膜上的混合效果。空间视觉混合有旋转混合和并置混合两种。

旋转混合，是指两种或两种以上的色料涂在圆盘上，圆盘快速旋转后，则可呈现出新的混合色。

并置混合，是将两种或两种以上的色料，以色线或色点的形态密集地交错并置后，在一定距离内可呈现出的富于闪动感的新混合色。点彩派画家修拉的作品颜色，即由并置混合而成。

综上所述，掌握色彩混合的原理，对于服用纺织品图案色彩配置十分重要。要保持色彩的明度和纯度不变，应该减少被混合色的个数，避免补色混合；要降低色彩的明度和纯度，可增加被混合色的个数，或混入适当补色；若想要轻薄、透明的色彩效果，可依据透明色料叠置原理，调配色彩；若要取得少色次、多色调的色彩变化效果，可应用透明色料叠置及空间视觉混合原理，配置色彩层次、色彩数量、色彩形状、色彩间距。

（三）服用纺织品图案色彩设计的原理

对比与调和是服用纺织品图案色彩设计的美学原理。

色彩的对比，是指色彩之间的差异和矛盾。色相、明度、纯度、面积形状、位置的差异与矛盾越大，则对比性越强；差异越小，对比性越弱。通常情况下，弱对比具有和谐、统一美感，但易于单调，注目性也很低；强对比具有强烈鲜明的特色，但显得生硬杂乱，缺乏主色调；中对比介于两者之间，因而色调统一而不单调，色彩丰富鲜明又不杂乱。色彩的调和，是色彩和谐统一的一种美好状态，同时也是色彩搭配和谐统一的一种方法手段。对比寻求差异，调和寻求同一共性和类似。

由于服用纺织品图案的色彩设计都是围绕色相关系向其他方向展开，因此，应该以色相的组合为主导配色因素，同时再兼顾明度、纯度、冷暖、面积、形状等因素之间的关系。

1.同一色相配色

同一色相的配色是指色相相同而明度不同的一种色彩组合，是最弱的色相对比。但因为色相相同，统一过度，未免单调乏味，只有加强色彩的明度对比和纯度对比，才能够达到明快对比效果。

2.邻近色相配色

邻近色相配色是 24 色相环上相邻色彩之间的组合，也是色相弱对比。色相之间微弱的小差别仍然不够明朗，调和方法也是加强明度对比和纯度对比。

3.类似色相配色

类似色是指在 24 色相环上相距 45 度左右的色彩。类似色相组合虽仍属弱对比，但色彩统一之外还有一定变化，因而具备调和感。若适当增加明度对比和纯度对比，其效果会更加生动。

4.中差色相配色

中差色相是指 24 色相环上间距 90 度左右的色相。这种色相组合属于中对比，有较明显的色彩变化，给人以丰富的色相感，但若不调整明度对比和纯度对比，也易失去谐调。为增强同一性，可减弱明度和纯度对比。

5.对比色相配色

对比色相在 24 色相环上间距 130 度左右。这种色相组合属于强对比，色彩感觉鲜明强烈、丰富、感染力强，但缺乏协调性。调和方法是增强明度和纯度的同一性，才能有更美的视觉效果。

6.互补色相配色

互补色相在 24 色相环上间距 180 度左右。这种色相组合属于最强对比，极具视觉冲击力，处理不当则易统于粗俗、刺激。调和方法是增强互补色明度和纯度同一性，或降低其中一方纯度即可。

由于互补色以及对比色的色彩组合容易过分刺激和杂乱无章，我们可以遵循下面一些方法进行调整，从而使服用纺织品图案色彩设计达到对比与调和的完美统一。事实上，这些规律同样适用于其他色彩组合。

（1）降低纯度对比法

将对比双方或一方的色彩，通过加入黑、白、灰色中任一种色，降低纯度对比；将对比双方中一方色彩，加入另一方色彩中，也可以降低纯度对比；对比双方同时加入某一纯度较低色相，还可以降低纯度对比。纯度对比降低则色彩对比性减弱，增加了同一性，得到了调和。

（2）间隔或缓冲法

黑、白、金、银、灰是能与一切色彩搭配和谐的中性色。将中性色中的任意一色输入对比色相中进行间隔，都可以减弱对比色的对比强度，达到调和。输入对比双方的中间色进行间隔，也可以起到同样的缓冲对比作用。

（3）秩序调和法

这是在对比色之间配置相应的色彩序列，采取色相或明度或纯度渐变、推移的方式，令对比双方之间有自然的秩序性过渡，从而达到色彩调和。

（4）面积调和法

在对比色或互补色的配色中，双方色彩面积、分量的应用不能平均对待，应以其中一色为主导色，另一方为陪衬或点缀色，从而形成色彩优势对比，拥有主色调，达到调和。

（5）形状调和法

这是改变对比色双方聚集程度的一种调和方法。只要加强其中一方的色彩聚集度，加强另一方的色彩分散程度，就可形成主色调，从而达到调和。

总之，色彩的对比与调和是相反相成的矛盾统一。过分的对比或过分的调和都会减弱甚至丧失美感，只有正确处理二者关系，才能够拥有最美妙的色彩效果。

二、服用纺织品图案色彩设计的方法

（一）色彩的层次和主调

1.色彩层次

服用纺织品图案的色彩设计必须考虑底色与图形色、图形色与图形色之间的关系，正确表现主体纹样、陪衬纹样和底纹。

通常，深色要配明亮的主体纹样，次亮或灰暗的陪衬纹样；而浅淡色底则要配深重的主体纹样，中间灰的陪衬纹样。另外，图形色应比底色鲜艳、明亮；鲜艳明亮的图形色面积要小，灰暗深沉的图形色面积要大；图案与纹样的整体色调要谐调。

主体纹样、陪衬纹样和底纹三者色彩关系可以如此概括：主体纹样与陪衬纹样呈弱对比状态，主体纹样与底纹呈强对比状态，陪衬纹样与底纹呈弱对比状态。

2.色彩主调

服用纺织品图案的色彩设计，必须服从于一种整体色彩关系，即色彩主调。大面积的色彩对整体色彩气氛起决定性影响作用。

服用纺织品图案的色彩主调一旦确定，其他色彩的配置，就必须服从主调，特别要处理好主色、宾色与主调的关系。表现主体纹样或主要层次的主色，可以是与主调相对比的调和色，也可以是与主调对比的更强烈的色，但主色面积不宜太大；宾色则从属于主色，烘托陪衬着主色，其色彩明度与纯度，都要低于主色，与主调则为类似关系。

综上所述，服用纺织品图案的色彩的层次与主调是决定其色彩配置成功与否的关键因素，但优美的服用纺织品图案色彩，仅仅有层次和主调还是不够的。服用纺织品图案的色彩，应该以最少的色彩体现最丰富的色彩感觉。色彩的应用需相互渗透、交叉，不能花是花色，叶是叶色，地是地色。你中有我，我中有你的色彩布局，才能使色彩在图案上相互呼应、分布平衡。

（二）配色策划

图案的色彩设计是非常微妙的，人们可以通过以下几个环节来进行。

1.立意设想

设定一种图案色彩的情感类型，如柔和、沉稳、活跃、热烈等，然后选择色调，确立一种图案的色彩倾向。色调可以从不同的角度来分析，包括色性调子（冷色调、暖色调、中性色调）、明度调子（亮色调、暗色调）和色相色调（红色调、黄色调、绿色调）。色调常由底布颜色来决定。

2.确定套色数

根据已经确定的色调选择相关的颜色。在选择每种颜色时，要掌握适度对比的原则，避免各色过于类似或差异过大两种情况。

3.确定各色在图案中的面积和位置

主要对象用主色，次要对象用陪衬色。

4.调整色彩三要素

按照适度对比的原则调整对比色的色相、明度和纯度，务必起到既协调统一又画龙点睛的作用。

（三）服用纺织品图案设计的色彩技法

一个构思成熟的服用纺织品图案，其色彩设计需要以效果图或工艺制作形式表现出来。了解色彩的表现技法和工艺效果，对提高服用纺织品图案色彩的艺术感染力十分必要。

服用纺织品图案的色彩效果图在平面纸上完成，色彩可以表现为点、线、面的形态，其表现技法主要有下列几种。

1.平涂

平涂是将色彩不分浓淡深浅地平涂于图案形象，每一种色彩都呈单一、平整状态。平涂通常都以面为表现图案的主要形式，线则用于勾勒图案轮廓或平涂色之间的间隔。

2.晕染

晕染是运用明度渐变原理，将颜色由深到浅推移、渲染的一种方法。晕染是用一支毛笔着色，另一支毛笔迅速蘸水将颜色晕开。这种技法令图案形象具明暗变化和立体感，色彩层次柔和，无笔痕。

3.退晕

退晕是用同一色彩做由浅至深或由深至浅的分层平涂，以明度色阶形式达到色彩的渐变效果。退晕较晕染有清晰的色阶，色彩呈平涂状态。

4.撇丝

撇丝是以工整细致、疏密有致的线条，表现图案形象的明暗起伏等变化效果。

撒丝多用毛笔梢干笔表现，富于精巧和变化的艺术效果，适用于印染工艺和分色制版。

5.刷绘

刷绘是用一个硬片刷蘸上所需颜色，再用一硬片轻刮，即弹出雾状细小的色点。运用刷绘技法表现图案，色彩具有细腻柔和的效果。

第三节　影响服用纺织品图案色彩设计的因素

服用纺织品图案的色彩设计包括很多方面，不仅要求我们掌握色彩的基础知识、色彩的社会属性和文化属性，更重要的是理解不同的图案与色彩之间的微妙关系。服用纺织品图案主要由两方面构成：一方面是图案的造型，另一方面便是图案的色彩。在造型确定的基础上，色彩如何搭配变成了服用纺织品图案设计首要解决的问题。

图案配置的色彩从表象方面来讲，在排除各种理论因素的前提下，至少需要博得观者的第一印象，如此说来便涉及人们对于色彩的喜好问题。那么什么样的色彩可以获得人们的好感？又是什么样的因素在影响着人们对于色彩的喜好呢？我们从以下几个方面来对此进行分析。

一、社会的审美倾向

社会的审美倾向对于色彩喜好起引导性作用。有研究表示，审美倾向在共同的地域和社会背景下有相同或相似的表现。经过漫长的历史积淀，不同社会对审美倾向形成了不一样的理解与表达。民族性便成了社会审美倾向的集中表现。比如东方文化强调一种含蓄的美，讲究抽象寓意的表达。富有东方文化的色彩便以含而不露而著称，多采用灰调，纯度相对较低的色彩组合；西方文化则讲究个性，注重造型的表达，在色彩方面比较擅长使用高纯度的色彩组合来张扬个性。

由此可见不同的社会可以形成不同的审美倾向，审美倾向的差异对人们选择色彩又起着一定的引导作用。

二、群体的趋向暗示

不同社会群体决定色彩喜好的具体方面。不同的社会群体是由文化层次、生活状态、收入水平等几个方面综合作用而成的。某一个群体对色彩的选择具有相对的一致性。如一组中学生在选择色彩时，会不自觉地挑选相同的颜色，表现出群体的认同性。所以说研究不同的社会群体可以把某一群体的色彩喜好具体化、直观化。

三、人文环境的影响

人文理念对于色彩喜好起支撑作用。人类是群居化生物，这就形成了人与人之间相互交流、相互模仿的一个过程。这个模仿的过程受国际环境、经济政策、文化理念等方面的影响。如随着时代的发展，人们对自然的开采与破坏日益严重，在这种大环境的影响下，低碳环保的理念便应运而生。这种理念在色彩方面的表现则是人们倾向于选择更加自然、原生态的色彩组合。

四、个体的色彩选择

在着装与配色中，个体因素对色彩喜好也时常起决定性的影响。这里所指的个体因素主要指服用纺织品图案色彩设计者本身。不同的个体由于所处环境、经历不同，对色彩的喜好也不尽相同。

第四节　流行色与服用纺织品图案设计

一、流行色的概念

流行色的英文是"fashion color"，意为时髦的、时尚的色彩，是指在一定的时期和地区内，被大多数人所喜爱或采纳的几种或几组时髦的、受到广泛喜爱的色彩，亦即合乎时尚的颜色。

流行色来源于人们对色彩的爱好，人们的爱好又受到某一时期、一定社会的政治、经济、文化、环境和人们心理活动等因素的影响，是政治、经济、技术以及文化艺术和社会风尚思潮等各种因素影响下的综合产物。人们对色彩的爱好常常随着时间和地点的变化而发生变化，一般流行色在一个地区往往流行2—3年。流行色有两类：经常流行的常用色、基本色，流行的时髦色。

流行色的变化是根据色彩视觉生理上平衡和补充的原理发生的，因而流行色的变化往往是向相对应的补色方向发展，并常在一定期间发生周期性的变化。根据近年来的分析研究，流行色常以十几年为周期发生变化，一般是从浅淡明亮的色彩向浓艳强烈的色彩变化，再向灰暗色变化，然后再度反复。

二、流行色的作用

流行色在一定程度上对市场消费起到积极的指导作用，并处处在商业设计中彰显着特别的魅力，尤其是在服装、包装、广告、平面等各种设计中发挥着至关重要的作用。流行色用最低的成本创造最高的附加值，创造不可估量的经济效益，流行色的应用是商业设计的灵魂。

三、流行色的预测原理

流行色的预测涉及自然科学的各个方面，是一门可预测的综合性学科。人们经过长期的探索和不断的研究，从科学的角度总结出了预测分析流行色的一套理论系统。主要从以下几个方面进行预测分析。

（一）时代论

当一些色彩结合了某些时代的特有特征，符合大众的认识、理想、兴趣、欲望时，这些具有特殊感情力量的颜色就会流行开来。比如，近些年环境污染的不断加剧，使海洋色、水果色、森林色成为大众所喜好的颜色。

（二）自然环境论

受到季节变化和自然环境变化的影响，不同季节的人们喜爱的颜色也随之而改变。国际流行色协会发布，春夏季的流行色比较明快，具有生气；而秋冬季的流行色则比较深沉、含蓄。

（三）生理、心理论

从色彩心理学的角度来说，一些与以往的颜色有区别的颜色出现时，一定会吸引人们的注意，引起人们的兴趣。

（四）民族、地区论

各个国家、各个民族的人们由于政治、经济、文化、科学、艺术、教育、宗教信仰、生活习惯、传统风俗等因素的不同，所喜爱的色彩也是千差万别的。

（五）优选论

从前一年的消费市场中找出主色，以构成下一年的流行色谱，这是因为色彩的流行常带有惯性的作用。这种观点是建立在市场统计基础之上的。

四、流行色在服装中的应用

流行色在服装中的应用需要从以下三个方面入手。

（一）流行色与穿着对象

服装是由人来穿着的，而人是环境的主体，所以服装的色彩及图案应该是以人为本进行造型和设计的。不同年龄、性格、修养、兴趣与气质的人，在不同的社会、政治、经济、文化、艺术、风俗和传统生活中，所受的影响是不一样的，对流行色的感受也是不同的。比如，历代皇室赋予黄色的特殊意义，使其显得雍容华贵；而在基督教信徒中，却认为黄色是叛徒犹大的服装色彩而觉得是耻辱的。因此，服装的流行色应该针对不同的人群有针对性地定位。

另外，还可以根据各地区人种的特点，与他们的肤色、发色相结合进行服用纺织品图案的设计。穿着者的内在气质、外貌特征、社会地位也是服用纺织品图案设计需要考虑的因素。

（二）流行色应用与不同地区的关系

色彩在不同的地区有着不同的禁忌，这跟当地的民俗风俗有着密切的联系，流行色在服用纺织品图案设计中，需要考虑各地区的民俗、宗教、地理环境，流行色须与当地的人文环境和自然环境相协调，与当地的建筑环境相匹配（图5-4-1）。

图 5-4-1　中国少数民族活动时的服饰

　　另外，流行色须与当地消费者的需求和社会环境以及文化的发展变化相结合，流行色彩会因国家不同、地区不同、民族不同及当地民俗风俗习惯的不同而存在一定的差异和变化，同时还受社会性、时代性、季节性、民族性的影响和制约，并与自身的演变规律有着不可分割的关系（图 5-4-2）。

图 5-4-2　苗族服饰

（三）流行色应用与服装服饰的关系

　　流行色是受时间、空间及社会环境影响和制约的，流行服装必然使用流行色，流行色同样广泛运用到包括服装在内的诸多行业。

现在是一个多元化的社会，人们对于时尚的追求也呈现出百花齐放的特点，传统的、现代的、前卫的、新潮的，各种新观念、新意识以及新的表现手法，多样性、灵活性和随意性，使人们对于时尚的追求不同于以往任何一个时代。人们通过服装的色彩及图案所表现出来的视觉效果，传达着一种情绪，表达着一种生活态度和观念（图5-4-3）。

图5-4-3 流行色的体现

因此，服用纺织品图案设计师对于色彩的把握要准确到位，对于流行色在服用纺织品图案设计中要灵活运用，使流行色与服装的款式、材质、纹样巧妙地结合起来，共同诠释人们对美的追求，共同营造一种全新的服饰文化，通过服饰这种物质载体，体现一种内在的文化内涵，把流行色与服饰艺术巧妙结合起来，实现服饰功用性与文化性的双重功能。

五、服用纺织品图案色彩设计的灵感来源

图案的色彩贵在创新，创新是设计的灵魂。做到色彩设计的创新，就要不断解决灵感的来源问题。灵感不是瞬间突发的设计构思或稍纵即逝的创作思维形式，它是在丰富的客观生活积累中吸取营养进行创新的设计过程，因此生活是设计的源泉。针对图案色彩设计的灵感来源，我们可以从以下几个具有代表性的方面作一些分析。

（一）传统的色彩

我国有着悠久的传统色彩文化，从仰韶文化的彩陶到汉唐的丝绸，从唐三彩、青花瓷到景泰蓝，从民间艺术到民族服饰色彩等，构成了我国色彩文化极为丰富的内容（图 5-4-4）。这些丰富的民族色彩宝藏从色彩的认识到色彩的组合运用，都有极其丰富的内涵，有待我们的进一步研究，在继承中进行色彩设计的创新。

图 5-4-4　青花瓷系列

（二）自然的色彩

自然对于设计来说是取之不尽的源泉，色彩的设计也不例外。工业发达国家的设计师在很久以前就把设计的视线转向了大自然。大自然中巧妙的色彩搭配给我们很多启迪，天空、大海、湖泊、沙漠、草原、森林、各种动植物、季节变换等，从宏观到微观，都有着我们难以想象的绝妙色彩。看一看这几年的流行色预测，几乎每一季都有至少一个自然的主题。有的设计师会巧妙地运用各种植物的造型和颜色，结合面料如花般的触感，将花朵优雅的色彩直接展现在裙身各部位（图 5-4-5、5-4-6）。

图 5-4-5　自然色提取 1

图 5-4-6　自然色提取 2

（三）其他艺术形式的色彩

其他艺术形式的色彩是指对其他艺术形式色彩的借鉴。在设计领域，对国外抽象派艺术借鉴的例子已不是什么新鲜的事了，如服用纺织品图案中对蒙德里安作品的直接借鉴。我们可以将这样的思路扩大化，可以从传统艺术以及现代艺术中受到启示。

在艺术创作领域中，各艺术门类有其各自的特点，它们由于相互之间的差异而存在着区别，同时各种艺术门类又都有共同点，彼此之间相互联系、互相影响，不断得到发展。作为艺术创作活动之一的服装色彩设计也同样如此，能够在绘画、音乐、电影、戏剧、建筑及其他艺术领域中得到设计构思的诱发和启示。如图5-4-7所示，水墨色灵感来源于中国传统绘画中的水墨画，黑白灰深浅不同，再加上中国传统绘画中的颜料色，自然、高贵，形成中国传统绘画色彩的风格。壁画和绢画的色彩也都不受自然色相的限制，装饰性非常强，为服装色彩设计提供了丰富的资源。西洋绘画中，从古典绘画到印象派的色彩表现，从洛可可艺术到现代派艺术的色彩风格，从蒙德里安的冷抽象到康定斯基的热抽象，都可以为服装色彩设计提供借鉴。从东方艺术到西方艺术，都可以从中找到配色美的规律并运用到服装配色中，丰富现代服装配色的方法和手段，与时尚完美结合。

图 5-4-7　水墨色彩的服装

（四）异域的色彩

服饰文化已经成为一个全球共同的体系，世界各地各民族文化相互影响，从各个历史时期和各国的民俗风情中发掘色彩创作灵感，具有时代意义。古埃及的原始色彩、古罗马浑厚温暖的颜色、古老的阿拉伯地毯色彩、非洲的热带原始森林和豪放的印第安色彩等，这些古典浓郁的异域色彩与新世纪流行色彩相结合，为服装设计提供了纷繁多样、风格迥异的色彩源泉（图 5-4-8）。

图 5-4-8　异域色彩的服装

（五）电脑分析的色彩

电脑分析的色彩是指通过电脑仪器设备对自然界中的色彩进行测试与综合分析，然后进行色彩归纳而得的色彩。这是借助现代科技手段汲取色彩灵感的办法。另一方面电脑分析的色彩也可以指对色彩系统的分析与合理运用。在色立体中按照一定的规律选取的若干颜色所形成的色组，通常呈现出有序的色彩状态。在实际的运用过程中这种方法对色彩和谐的把握非常有效。

（六）图片的色彩

以各类彩色印刷品上和谐的摄影色彩与优秀的设计色彩作为灵感的启示，以图片中的色彩为依据，用联想的方式间接地把客观色彩转到服装色彩设计之中，是获取色彩灵感的便捷途径。彩色图片的题材广泛，内容可以说是应有尽有，不管它是什么内容，只要色彩是美的，对我们的创作有所启示，它就是好的采集对象。

色彩的灵感来源是多方位的，灿烂的阳光、清新的空气、茂密的森林、清澈的河流以及人类文化的宝贵财富，都是现代服装色彩设计的巨大源泉。不同的服饰文化需要不同的色彩设计风格。我们对服装色彩设计应有充分全面的研究认识，汲取各方面的艺术营养，重视个性化的需求，在创新设计中不断探索，创造出符合现代人文精神和物质生活需求的高品位、高标准服装与服用纺织品图案。

第六章　服用纺织品图案设计的创新

本章为全书最后一章，主要内容为服用纺织品图案设计的创新，包括服用纺织品图案设计的创新应用、服用纺织品图案设计的创新路径。

第一节　服用纺织品图案设计的创新应用

新中国成立后，社会文化与经济日益发展，服装产业日新月异，服装设计也日益多样化。新中国成立初期，服装行业以加工生产为主，以经济适用为原则。1956年，发起改进服装运动，服装纹饰开始丰富。但20世纪60年代中期批判"奇装异服"，影响甚至直至90年代初。20世纪80年代的改革开放使服装产业迅速发展，我国服装设计与国际服装界接轨，处于学习模仿欧美服装流行风格阶段。21世纪以后，中国服装设计作品纷纷展露出后现代主义设计元素，经济全球化、文化全球化、设计全球化，中国服装设计受到更多的思维观念的影响。服用纺织品面料设计的创新也应该是以史（艺术史、设计史）为基础，以现实为背景，建立于自我认知的基础之上分析当代文化环境，了解当下行业信息、资讯的最新状况，不断探索新的艺术风格、新的文化内涵、新的形式变化、新的技术手段、新材料、新观念等。

一、传统和民俗文化

（一）传统文化

传统文化是一个国家或者民族世代相传的思想文化与观念形态，是体现本国、本民族特质与风貌的民族文化。我国的传统文化历史悠久、博大精深。中华传统文化包括古文、诗、词、曲、赋、茶、陶、乐器、兵器、音乐、戏剧、曲艺、绘画、书法、对联、灯谜、酒令、成语等，涉及生活的多个方面。

我国传统纹样题材涉猎十分广泛，往往通过人物、花卉、飞禽、走兽、器物以及字体等形象，以语言、民间谚语、神话故事为题材，通过借喻、比拟、双关、象征等表现手法创造、表达自己的设计理念。中国传统纹样如龙纹、凤纹、卷草纹等丰富的传统题材不断地被设计师运用（图 6-1-1），一些时尚大牌设计师也将东方元素融入其设计产品中。

图 6-1-1 中国传统纹样

1. 传统图案在服饰面料中的应用

在选择服饰面料时，以特殊的织锦类面料为主。在彩色线编制过程中，大多以提花编织方法来刺绣图案。通常有如下几种：其一，苏州地方的宋锦。宋锦的制造结构十分规则，虽然给人一种严谨感，但灵动性很强。其二，四川的蜀锦，通常是经纬相交结构，这样的结构显得情调十分精致与鲜艳。其三，广西地区的壮锦。壮锦的纹样图案特别多，色彩对比十分明显。其四，南京的云锦，通过妆花与库缎艺术手法实现了多种品种，如花库锦、芙蓉装等。

2. 传统图案变形应用

传统图案自古至今始终受到服饰行业的重视，图案形象与当时社会条件有着密切关系。近些年来呈现于人们眼前的传统图案有很强的挑战性，因此大多数传统图案难以符合现代服装设计要求的实用性。结合这一实际情况，需要结合现在设计的要求来变形处理传统图案，之后再融入服装设计中。事实上，变形处理我国传统图案，能使传统图案看起来更加简单化，进而产生简洁的图案形象。通过调查发现，经常运用的方法包括归纳、抽象、夸张等变形方式。其中，抽象指的是以几何变形手法处理传统图案。归纳指的是摒弃传统图案复杂的结构，归纳出简单的装饰花纹，以此为主，凸显传统图案的简单性。夸张变形便是从传统图案形式与内容着手，以夸张手法来处理传统图案。

3.分解组合应用传统图案

通常，传统图案以技法、色彩为表现形式。在现代服用纺织品图案设计中融入传统图案，需要适当分解图案，吸收图案的精髓，结合着装需求，进行简洁设计，从而提高传统图案的新颖性。图案分解组合有异质分解方法与同质分解方法。所谓异质分解组合指的是分解组合各时期图案，吸收图案元素，从而使现代服用纺织品图案设计兼有传统与现代特色；同质图案分解组合指的是对各大传统图案进行拆分，在重新组织拆分图案中，以产生与现代审美需求相符的服用纺织品图案。

4.传统图案主题借鉴应用

现代服用纺织品图案设计中已可以充分汲取各种图案设计精髓，使现代服装设计主题具有形式化特点。传统图案主题与内容都十分丰富。在现代服用纺织品图案设计中我们应充分运用传统图案，通过传承和发展服饰艺术，掌握对传统图案表现的美好、吉祥、喜庆等寓意的表达方式，充分有机融合现代服装设计。从抽象性手法入手，体现服装主题中的内涵，让服装整体看起来更加具备民族性。在服装设计中花卉图案应用特别多，如在节庆服装中将带有刺绣手法的牡丹绘制其中，代表着荣华富贵之意。这样的服用纺织品图案设计不但起到了装饰效果，而且也表达着浓浓的祝福。从这一点上可以看出来，在现代服饰设计中借鉴传统图案的益处颇多，我国相关设计人员需要积极地、主动地进行借鉴，并针对性应用，以促进我国服饰行业更好地向前发展。

在设计中不仅要掌握传统文化的资料，还要进行理性分析，发现其中所包含的文化内涵和艺术哲理，挖出深层次的审美意蕴，再加上独到的见解及个性，才能设计出富有传统和新意的作品。例如，2008年北京奥运会颁奖礼服（图6-1-2），设计师巧妙运用中国元素，用青花瓷图案、江山海牙纹、牡丹花纹以及宝相花图案等中国传统纹样，表达出中国式"重意不重形"的人文审美特征，体现了中国传统服饰文化中"天人合一、和谐共存"的东方哲学。

图 6-1-2　中国传统纹样在服饰上的表现

（二）民俗文化

民俗文化是指一个国家、民族、地区中集居的，由民众所创造、共享、传承的风俗生活习惯，体现本国本民族的民俗风情及文化特质。民俗文化主要有民俗饮食文化、民俗装饰文化、民俗工艺文化、民俗节日文化、民俗歌舞文化、民俗戏曲文化、民俗音乐文化、民俗绘画文化等。

民族图案是民族的寓意性、审美性、标志性的文化符号。先人们巧妙地运用人物、走兽、花鸟、日月星辰、风雨雷电、文字等元素创造出体现吉祥寓意的造型形式。这些传统民族图案生动鲜明，夸张与概括相结合，有着和谐统一的秩序美和均衡美。同时民族图案又代表着不同时期、不同民族的精神信仰，从中反映人们的愿望、思想、憧憬和追求。例如，五十六个民族的图腾，每个图腾分别代表不同民族的崇拜文化。汉族的象征图案是龙凤呈祥，龙能兴风降雨，被认为是能免除灾难的灵物；凤则代表百鸟之王，代表美丽吉祥。它们表达的是汉民族对高贵、华丽、祥瑞等美好生活的向往和憧憬。著名的龙袍礼服灵感就是来源于此，龙袍上绣有两条高高跃起的飞龙，拖地的水脚上绣出许多翻滚的波浪，仿似满耳波涛汹涌声，有"万世升平"之意。在龙纹之间，还绣以五彩云纹的吉祥图案寓意祥瑞之兆。这件礼服借以戛纳这个国际舞台向全世界展现了华美的东方神韵。

现代服装设计强调图案与服装造型、结构、材质、色彩等这些要素的浑然一体，因此在运用民族图案进行服装的创新设计过程中，可以从以下几个方面总结分析。

（1）在色彩上：一些研究色彩的学者曾提出配色的七种法则：统一法、衬托法、点缀法、呼应法、分块法、缓冲法、衔接法。许多少数民族图案常使用高纯度的对比色彩，如苗族、布依族多采用红、蓝、绿、白等，色彩艳丽而协调，多采用小面积的色彩对比。在运用这些高纯度的民族色彩时，设计师可以结合这些配色法则做设计，使服装色彩更符合现代人的审美需求。同时也要注意利用花与地的关系，可以大胆采用大面积的色彩对比这种形式进行创新。或者降低民族色彩的纯度，用高级灰的形式进行设计，以更加含蓄地表达民族的风格特色。

（2）在面料上：传统民族图案所使用的面料多是棉、麻、毛、皮。在现代的服装设计中，设计师可以不拘泥于面料的种类，进行不同种面料的混搭设计和中国韵味面料研发，进行完全不同的两种或多种面料的结合设计，但绝对不是不同面料毫无秩序地叠加。

（3）在结构上：传统图案在构图上要求疏密适宜又有变化，严谨完整又有韵律。多采用满地花的构图形式，有很强的视觉张力。设计师可以借鉴这些构图形式，同时大胆地分解整幅图案中的元素，根据现代设计的审美要求，进行新的排列组合；在图案的解构重组的过程中，要注意结合服装的分割线结构，可以在转折的结构处进行巧妙的图案过渡设计；在图案位置的摆放上，必须要很考究。在结构设计方面，设计师可以打破常规的图案构成形式，但注意不要对其文化内涵进行破坏。例如，龙头处多为红日，象征太阳崇拜、旭日东升，如果把红日摆在了龙尾，那就失去了其本身的寓意了。

（4）在造型上：民族图案多采用单线勾勒纹样轮廓的手法，突出主体物，在写实的基础上进行夸张变形。在现代服装设计中，图案造型可以取材于这些民族图案，并与现代的时尚图形进行组合，学会运用移花接木、替换再生、解构重组、夸张变形等手段。

（5）在工艺技法上：传统的手工艺技术不仅能增强现代服饰的装饰韵味，拓展服饰内涵，同时也为现代设计注入新活力，丰富了服装设计师的想象空间。民族图案多采用织、绣、挑、染的传统工艺技法，由于不同民族生活习性的不同等原因，不同民族采用的工艺技法也并不相同。而且民族图案的工艺方法非常丰富，不单只用一种，如挑中带绣、织绣结合等。在进行现代服装的创新设计过程中，要充分吸收采纳这些手法，同时可以结合现代工艺，如数码印花、丝网印等，在印花中又搭配刺绣，让人难分印绣。这样巧妙地结合运用，既能起到以假乱真似的丰富层次的效果，又能节省传统工艺的时间和工艺成本。任何一种式样要成为时尚，必须为大众的美学理念所认可，消费相对便利，并与一定的社会氛围相契合。所以在采用工艺上，我们要以传统工艺为依托，与现代工艺相结合，打造工艺结合的新形式。

我国是一个多民族国家，不同民族具有不同的自然环境及社会背景，每个民族在经过了漫长的历史演变与民族融合后都形成了不同的文化特色及风格（图6-1-3）。传统技艺加上本民族广博的文化内涵，成为丰富的设计素材的来源，十分珍贵。例如，居住在黔东南的苗族服装式样风格多样，样式款型丰富，仅裙子就有短裙、长裙、百褶裙、简裙、裤裙、带裙、片裙等造型，上面的图案更是富于变化。

图 6-1-3　少数民族服饰图案

中国传统民俗工艺如刺绣、剪纸、盘纽、蜡染等也可融入设计中，成为服饰文化的亮点。优秀的设计师们会将各种不同文化背景的素材融会贯通，追求自然和精神的和谐统一，把自己的感受通过服装表达出来。

二、具象和抽象

具象图案是指通过归纳手法对自然形态中的具体形象进行直接模仿或者借

鉴，形成新的艺术形态。具象服装的图案设计力求尽可能真实地记录与描绘生活中真实存在的形象，是设计师对生活中美好事物的情感寄托。

抽象图案是通过点、线、面、肌理以及色彩等形式元素构建形态，单纯地体现纯形式的造型语汇及装饰形态。很多设计师都喜欢用这种表现手法。抽象艺术是客观现象的间接体现，在二度空间中自由地起伏变化，不受客观因素的影响和制约，创作存在偶然性，是人类理性思维的结晶。抽象的形态能够延伸发展成各种具象的形态。

抽象图案在未来的发展值得我们思考。要使抽象图案在服装设计中经久不衰，必须要为抽象图案注入新的血液，融入多元的文化，满足消费者的需求。

（1）与高科技紧密结合

当今是科技引领生活的时代，智能手机的出现使手机应用更加便捷，功能更加广泛，由此产生了网络购物、滴滴打车、团购等新的购物消费模式，丰富的食物资源也依赖于农业科技的进步，生活中的方方面面都离不开科学技术。服装的创新也需要结合依靠高科技，抽象图案的应用与发展也需要与高科技紧密结合，使抽象图案与服装的设计能紧跟时代步伐，符合时代要求。

（2）满足消费者的品味和需求

服装的艺术是服务于大众的艺术，艺术的创造取之于生活也要用之于生活，服装设计是为消费者而设计，因此，抽象图案在服装中的设计及创新应符合消费者的审美趣味，培养消费者对于抽象艺术的理解与欣赏，满足消费者对服装艺术性、时尚性以及实用性的需求。

（3）品牌设计融会抽象图案服饰文化

中国的服装品牌设计可以借鉴融合抽象艺术文化，将抽象艺术和品牌理念结合，在进行服装推广与营销时，服装的品牌效应就凸显出来。中国服装品牌在发展过程中，始终保留自己的品牌概念，不与其他成衣品牌相混淆，而是要拥有自己的特色，在国际舞台占有一席之地。

抽象图案设计基础是从具体的、形象的事物转化为单纯的、抽象的形状。作品形象的视觉冲击力要强，要展示出节奏感和秩序美，内容往往具有特定的象征意义，表达了设计师的设计理念。BASIC EDITIONS 设计师以青铜器上的饕餮纹图案（图6-1-4）为设计基础，进行演变、延伸以及各种抽象的分割，完美呈现出了具象元素抽象化。

图 6-1-4　饕餮纹图案的应用

三、流行和时尚元素

流行指的是一定的历史时期，社会上新出现的事物或者某些权威性人物倡导的观念、行为方式等被人们接受、采用，并迅速推广直至消失的一种社会现象。这是一种普遍的社会心理现象，在服装设计大师克里斯汀·迪奥看来，流行是按照种愿望展开的，当对其厌倦的时候就会改变它，厌倦会让人迅速抛弃曾经非常喜爱的事物。

从流行中可以看到文化与习惯、生活方式以及观念意识的传播，是一段时间内群体的喜爱偏好，是一种大众化的表现。纽约、伦敦、巴黎、米兰这四大时装中心城市的时装周发布，基本决定和揭示了当年和下年的世界服装流行趋势。

时尚指的是在短时间内一些人所崇尚的生活。时尚涉及生活的方方面面，多通过人的思想观念与服饰来展现。时尚不仅是一种态度，而且是一种文化，是一种内在精神，能够装点我们的生活。时尚能够满足人类特殊的心理需要，给人们以纯粹不凡的感受，展示其不凡的生活品味，体现人的个性。

如今时代变化万千，时尚流行元素是商品的重要组成部分，越来越受到设计师的关注，成为其创作主题的灵感源泉之一。设计师需要具备敏锐的洞察力，清楚社会动态，要有超前的意识把握流行趋势，洞悉国内外最新的制作工艺及技术设备。将时尚元素融入设计中，结合流行趋势，全面考虑运用流行色，将设计与社会关注的热点人物、事件紧密贴合起来。

有人说，让观赏者与制作者双方觉醒的作品，才是艺术。艺术应该专注于思考而不是技术，艺术家要善于理解与诠释规则。在设计中要有启发性、批判性思维，以真实设计为出发点。因为没有统一的风格与流行，只有部分流行。要探索无意产生的流行所引发的行为与结果，反思自然与工业的关系，学习新的思维观念，无边界的认知与立足中国哲学设计观与整体设计观相协调统一；加强整体认知，加强体统、系统设计，使未来设计呈现历史性，实现系统服务具有科学的呈现方式。服装具有艺术和商品的双重属性，服装设计所创造的最终成果也是兼具艺术和商品双重特性的服装艺术商品。

第二节　服用纺织品图案设计的创新路径

一、创建个人图片资料库

建立自己的图片资料库至关重要，养成随时搜集各种素材的习惯，广泛了解各种不同类型风格的图片，而不仅仅是个人偏爱的风格元素。图案资料无论是时代性的，还是区域性的，都应该力求广泛多样。作为一名设计师，应尽量多地通过各种途径去积累素材。

（一）研究不同风格的作品

要想创作具有个人风格的作品，必须要研究和关注不同风格的作品，不定期地浏览、梳理资源库，特别是在灵感没有突破的时候，浏览资料库可以寻找灵感的火花和设计的切入点。

在欣赏和审视他人作品的同时，要想到如果是自己来设计这幅作品，将怎样来表现。这样不仅可以吸取他人设计作品中的营养，改良其不足，还可以为自己的设计找到不同的灵感和视觉语言。无论什么时候，灵感始终是创作的前提。

（二）随时记录设计灵感

好的设计思路有时在一开始并不容易获得，应随身携带速写本，以便随时抓住稍纵即逝的灵感。随时准备一个小的速写本对设计师来说，是一个很好的创作习惯，可以随时记录设计素材。当灵感突然浮现在脑海中的时候，不论是一个美妙的色彩灵感还是一个题材元素，都要及时记录，以备后期创作使用。

二、拓展灵感视野

（一）市场调研

作为设计师，一定要站在消费者的角度思考，忽视消费者的设计必然会被市场冷落。除了课堂的学习和创作实践，一定要养成市场调研的习惯，只有做到了解市场，才能设计出适销对路的产品。

（二）参加展会

参加大型展会是了解行业发展动态的最佳途径，客户、设计师可以在短时间内看到众多的品牌和风格。比如，趋势工作室和相关代理机构会对纺织品图案设计师非常关注，法国第一视觉展侧重于服装和纺织品印花图案设计。

（三）获取网络资源

互联网的广泛应用也使得获取资源变得更便捷轻松，特别是一些专业的网站，比如 WGSN、Pinterest 这些专业网站，是设计师寻找灵感火花、拓展设计视野、获取创作素材的最佳途径与渠道。

三、从传统经典中汲取灵感

纺织品图案设计专业的学生和新入行的设计师一开始很难具备熟练的专业能力，对色彩的把握、题材的选择方都需要积累经验。

独特的原创性设计定是建立在学习大量优秀经典设计的基础之上，因此，学习经典图案对服用纺织品图案设计师至关重要。对于初入职场的新人设计师而言，企业一般会让设计师去借鉴市场流行的畅销图案，或者将一个经典传统图案进行改良，通过融合和再设计，使其更具时尚性。

（一）传承经典

某些图案已经成为经典样式，虽然历经了几个世纪，但仍然备受欢迎，在潮流更迭的时代仍不落伍。对于纺织品设计专业的学生而言，对经典进行改良或调整，是积累和提高个人专业技能的有效学习方法。

以威廉·莫里斯图案为例，其与样式的完美结合使其成为今天设计美学的典范。威廉·莫里斯的许多印花图案设计已经连续生产了一百三十多年，至今仍备受全世界消费者的欢迎，可见经典设计的持久吸引力。

经典设计仍是我们今天学习图案设计的典范。

威廉·莫里斯的设计最初主要是应用在壁纸等家居设计方而，如今，被各大国际线品牌应用在服装和配饰上，深受全球消费者的喜爱。诸如 Suprem、E.Dr. Martens、Burberry、Polo Ralph Lauren 等时尚品牌纷纷采用威廉·莫里斯的设计元素和风格，将其应用于服装、鞋子和手袋等时尚配饰。尽管不同品牌对传统的诠释各不相同，但都备受年轻一族的青睐。

（二）改良经典

成功的纺织品设计师，不必一味追求独特的设计方案，而是创作更经典、更耐人寻味的设计。因此，对于缺乏丰富经验的设计师来说，学习经典是创新的基础，对经典的改良设计无疑是积累设计经验的有效方法之一。

图案的设计创新是多方面的，一方面，可以是全新的突破，另一方面，也可以以传统的图案和概念为设计母题进行改良创新。例如，可以通过变换传统图案的颜色或者使用数字化手段对传统图案进行改良，在保留原有的装饰特点的基础上，改变大小、色彩、构图等。

近年来，威廉·莫里斯"工艺美术运动"风格的印花成了各大秀场上表现花卉主题的主要形式。其实许多优秀的创新图案设计是基于对经典设计的借鉴和改良。设计师可以通过借鉴传统，对经典改良设计，实现商业上的成功。

四、题材形式多样化

题材多样化是创新设计的前提，好的题材灵感是图案设计作品成功的一半。要做到题材的创新，应遵循以下的规律。

（一）打破时空的概念

图案创作一定要打破时空的概念，可以大胆追求一种超时空的感觉，把不同时间、空间的元素，有机组合在一个画面中，不必太拘泥于逻辑性和真实性的表达。如图 6-2-1 所示，英国 Liberty 公司设计的印花面料，题材表现大胆，与现实生活场景相距甚远，但仍不乏趣味性与时尚性。

图 6-2-1　英国 Liberty 公司设计的印花面料

（二）叙事性设计

图案设计作品如同文学作品一样，通过画面可以看出作者想讲述一个什么样的故事，追求什么样的情感表达。如图 6-2-2 所示，威廉·莫里斯的代表作之一"草莓小偷"，就是莫里斯本人发现花园的草莓莫名其妙地少了很多。有一天他坐在花园发现，原来那些可爱的小鸟就是真正的"草莓小偷"，因此，灵感火花突现，创作了这幅享誉世界一百多年的壁纸图案"草莓小偷"。

图 6-2-2　"草莓小偷"壁纸图案

（三）联想设计法

联想设计是美学创作中的一种心理活动，联想设计也是一种启发性设计思维方法。联想法可以促进头脑风暴，可以帮助设计师从大自然中得到更多灵感，从而拓宽设计思路，创作更生动、更富有趣味性的设计作品。如图 6-2-3 所示，设计师由蜜蜂联想到蜂巢，在图案设计中巧妙将蜂巢作为图案的底纹，丰富画面，形成了较好的图案层次关系。

图 6-2-3 以蜂巢和蜜蜂设计的图案

（四）"移花接木"设计法

对于某些设计来说，"移花接木"可能更有效果，可以对前人的设计作品进行借鉴，借鉴的方面包括色彩搭配、构图和表现技法等方面。在运用"移花接木"设计法时，需要打开自己的想象空间，要大胆地进行创新，这样才有可能设计出独特的作品。

五、塑造画面节奏和层次感

（一）画面的中间层次

在服用纺织品图案的效果中，底纹的存在至关重要，底纹作为画面的中间层次如果设计得较好，可以塑造出画面的立体感和朦胧美，使图和底的关系变得柔和。服用纺织品的图案和色彩在设计中，中间层次也就是底纹的设计尤为重要，中间层次可以是具体的图案，也可以是抽象的图形。如图 6-2-4 所示，展现的是一种朦胧美，画面中的主体花型与黑色点状的底纹之间形成呼应，使图和底的关系丝毫不显得生硬。

图 6-2-4　用肌理来表示画面的中间层次

（二）塑造画面节奏感

服用纺织品图案的节奏感主要体现在层次方面，即使是平面图形，节奏感和层次感也十分重要。图案作品在完成时，底色与主要图形的中间层次的塑造是需要尤为注意的，良好的中间层次可以体现画面的结构感，能体现画面节奏感和层次感的塑造对图案的整体效果至关重要。营造画面的节奏感和层次感，可以从以下几个方面着手。

1.构图变化与层次感

画面的层次感可以通过构图的变化来塑造。在如图 6-2-5 所示的图案中，用剪影手法将主要图案处理后，对一个白色的背景层次与主体簇花图案进行错位叠加，形成中间层次，色彩上采用与黄色底色对比柔和的白色，形成非常朦胧柔和的视觉效果。在 Tory Burch2018 春夏新款女装中，在裙装设计上运用同一母题图案，裙身部分的图案叠加波点底纹，具有良好的视觉效果（6-2-6）。

图 6-2-5　结构变化形成的图案

图 6-2-6　Tory Burch2018 春夏女装

2.色彩变化与层次感

通过色彩的变化来营造画面的层次感也是一种巧妙的表达方式。如图 6-2-7 所示，作为中间层次的桃心形背景图案，采用随机无序的错位排列，但在色彩上采用与主体火烈鸟图案相近的色彩，营造梦幻般的视觉效果，不失为一件出色的图案作品。又如图 6-2-8 所示，主题图案为火烈鸟和棕榈树，在色彩搭配上，用比较明快的色彩表现火烈鸟，用较重的色彩表现棕榈树，视觉上产生退后感，形成明晰的画面层次关系。两幅作品同样是表达火烈鸟，在风格和视觉效果上却全然不同。

图 6-2-7　色彩营造画面的层次感 1

图 6-2-8　色彩营造画面的层次感 2

六、绘制效果图

完成图案设计方案后，我们渴望看到其应用在产品上的效果。效果图是设计师推销设计方案最具有说服力的工具。设计师用比较直观的设计效果图和色彩调色板来呈现作品，远比用单纯的言语和文字生动得多。因此，对于图案设计师来说，通过模拟效果图来向客户展示产品的最终效果是非常必要的。

（一）建立效果图模板库

为了可以更加直观、快捷地展示服用纺织品图案的设计效果，可以选择不同服饰类别、廓形、款式以及面料质地的服装图片建立模板库。这个模板库不是图案，而是侧重于服饰的造型，要尽可能地收集不同风格、不同品牌以及不同定位的服饰产品图片。

（二）选择效果图模版

效果图可以使我们清楚地看到图案在最终产品上的视觉效果。效果图不必有太多的细节，主要能反映出图案的风格、色彩，特别是图案的尺度比例关系即可。在选择效果图模版上，尽可能选择与产品廓形和格调相符合的版型。

（三）绘制效果图

要把手绘的图案应用到产品效果图中，方法有很多，一般先用铅笔绘制草图，再用钢笔勾勒轮廓，然后用水彩或水粉渲染图案和色彩。计算机辅助设计更便捷，我们可以把图案手绘稿扫描导入 Adobe Photoshop，通过计算机辅助设计来完成效果图。在选择一个合适的模板基础上，利用 Adobe Photoshop 和 Adobe Illustrator 等图像设计软件可以很容易模拟服饰效果。

参考文献

[1] 张玉惕.纺织品服用性能与功能 [M].北京：中国纺织出版社，2008.07。

[2] 孙建国.纺织品图案设计赏析 [M].北京：化学工业出版社，2013.10。

[3] 郑军，刘冬云.服装装饰图案 [M].北京：金盾出版社，1998.11。

[4] 袁博，张丹.服装色彩与图案设计 [M].南京：南京大学出版社，2018.08。

[5] 华永明.传统服饰图案融入工艺美术教学的研究 [J].纺织报告，2021，40（09）。

[6] 陈慧芬.服饰图案对学前儿童心智的影响 [J].化纤与纺织技术，2021，50（09）。

[7] 李铭媛.少数民族服饰图案在服装设计教学中的应用 [J].西部皮革，2021，43（09）。

[8] 陈先芹，朱俐.艺术 IP 在服饰图案中的创新设计研究 [J].设计，2021，34（09）。

[9] 苏兆伟，韦玉辉.服饰图案设计效果与消费者喜好的量效关系分析 [J].武汉纺织大学学报，2021，34（01）。

[10] 肖扬.中国传统吉祥图案创新设计——以"福禄寿禧"为例 [J].农家参谋，2020（18）。

[11] 刘佳浩.关于艺术设计中民族服饰图案的应用分析 [J].艺术品鉴，2020（17）。

[12] 吕春凤.纺织品图案设计构成的基本要素分析——评《纺织品图案设计赏析》[J].毛纺科技，2020，48（03）。

[13] 刘师羽.波普艺术影响下的服装图案创新设计 [J].西部皮革，2019，41（24）。

[14] 齐晨 . 田园风格纺织品图案设计研究 [J]. 中国民族博览，2019（10）。

[15] 于江玲 . 在童装设计中服饰图案多样化研究 [J]. 流行色，2019（9）。

[16] 刘晨 . 文化信仰在少数民族服饰图案中的彰显 [J]. 智库时代，2019（33）。

[17] 范颖晖 . 分析传统云肩服饰图案的艺术特征及应用 [J]. 艺术品鉴，2019（11）。

[18] 李彩霞 . 传统民族服饰图案探究 [J]. 青少年日记（教育教学研究），2018（11）。

[19] 刘艳，徐帅，高小亮 . 重叠式四方连续经起花织物的设计 [J]. 棉纺织技术，2017，45（11）。

[20] 张鹏辉 . 数码印花技术在纺织服饰图案设计中的应用 [J]. 染整技术，2016，38（12）。

[21] 张扬 . 民间服饰图案在丝绸印花设计中的应用分析 [J]. 艺术品鉴，2016（2）。

[22] 汪圆圆 . 线条图案在针织服装设计中的创新应用 [D]. 北京：北京服装学院，2016。

[23] 董聪 . 中国传统民族服饰图案色彩特点浅析 [J]. 天津纺织科技,2015（4）。

[24] 吴训信 . 服饰图案设计的适合性 [J]. 美术学报，2014（6）。

[25] 丁雯，戴之华 . 服饰图案设计的数码表现 [J]. 金田（励志），2012（10）。

[26] 孙成岗 . 装饰图案在服装设计中的创新运用 [D]. 福州：福建师范大学，2012。

[27] 李方 . 中国传统二方连续图案形式美分析 [J]. 产业与科技论坛，2008（10）。

[28] 文旭明 . 论服饰图案色彩的秩序感 [J]. 纺织科技进展，2007（5）。

[29] 高波 . 浅谈印花图案设计的创新 [J]. 武汉科技学院学报，2006（10）。

[30] 关紫怡，齐德金 . 现代服装设计对民族服饰元素的汲取 [J]. 艺术与设计（理论），2014（3）。